环境工程实验

杨春维　任新　赵旭　编著

中国环境出版集团·北京

图书在版编目（CIP）数据

环境工程实验/杨春维，任新，赵旭编著. —北京：中国环境出版集团，2021. 10（2022. 7 重印）

ISBN 978-7-5111-4922-0

Ⅰ. ①环… Ⅱ. ①杨… ②任… ③赵… Ⅲ. ①环境工程—实验—高等学校—教材 Ⅳ. ①X5-33

中国版本图书馆 CIP 数据核字（2021）第 203801 号

出 版 人 武德凯
责任编辑 孙 莉 李士卿
责任校对 任 丽
封面设计 彭 杉

出版发行 中国环境出版集团
（100062 北京市东城区广渠门内大街 16 号）
网 址：http://www.cesp.com.cn
电子邮箱：bjgl@cesp.com.cn
联系电话：010-67112765（编辑管理部）
发行热线：010-67125803 010-67113405（传真）

印 刷 北京中科印刷有限公司
经 销 各地新华书店
版 次 2021 年 10 月第 1 版
印 次 2022 年 7 月第 2 次印刷
开 本 787×1092 1/16
印 张 15
字 数 251 千字
定 价 65.00 元

内容简介

本书是吉林师范大学环境科学与工程学院多年来教学内容和课程体系改革的成果，从强化基本训练、便于学生进行研究性学习和实践，特别是重视实验的基本素质和创新意识的培养出发，建立基础性实验、综合性实验、设计性实验、虚拟仿真实验和研究性实验五个层次的新模式，淘汰不适应当前环境科技背景和社会需要的内容，安排虚拟仿真实验等全新的内容，形成一个既符合时代特点又具有指导实践工程特色的实验教学课程新体系。

本书共6篇，分为环境工程实验方法、数据处理及实验室基本常识，水力学实验，大气污染控制工程实验，给水处理工程实验，水污染控制工程实验及固体废物处理与处置实验，共涵盖了40个实验。本书可作为高等学校环境类各专业实验教材或参考书，适合不同层次的教学需求。

PREFACE 前言

环境工程实验是环境类专业大学生实践教学中的重要环节。它对培养大学生的实践能力和创新能力有着不可替代的作用。

随着科学技术的进步,人们对环境的认识也逐渐深入,尤其在我国经济飞速发展的今天,环境保护与环境治理已经成为社会共识。当今社会对环境类人才的培养也提出了更高的要求,为了适应这种变化,环境类专业人才的培养需要更上一层楼。通过何种方式和途径,采用何种方法可以有效提高大学生的工程实践能力,理论联系实际的能力,分析问题、解决问题的能力,是当下深化实践教学改革过程中亟待解决的问题。而环境工程实验在培养大学生上述能力方面具有极大的优势,因此必须进行强化和革新。

本书结合当前社会对环境专业人才的需求,将 40 个实验分为基础性实验、综合性实验、设计性实验、虚拟仿真和研究性实验,形成从低到高、从基础到前沿、从接受知识到培养综合能力并逐级提高实践能力的实验课程新体系。各个层次的实验有明确的能力培养定位,后一层次实验以前一层次实验为基础,体现出知识的传承与创新,不同层次的实验标志着不同实验技能和科学思维水平。

本书实验选题经过深思熟虑,其中既包含了基础性实验,可以满足大学生对环境工程设计开发的基础工程实践能力的培养要求,又包含了综合性、设计性和研究性实验及虚拟仿真实验,可进一步提升大学生的动手动脑能力,真正做到既动手又动脑,理论与实践相结合,对提高大学生的工程实践能力,理论联系实际的能力,分析问题、解决问题的能力具有极大的促进作用。同时本书还可以作为环境工程技术人员的参考书。

由于编写时间仓促,水平有限,书中难免存在缺点和错误,敬请老师和同学们批评指正。

编　者

2021 年 5 月

CONTENTS 目录

第一篇　环境工程实验方法、数据处理及实验室基本常识

第二篇　水力学实验

第五篇　水污染控制工程实验

第六篇　固体废物处理与处置实验

第一篇

环境工程实验方法、数据处理及实验室基本常识

1　环境工程实验方法

1.1　实验设计方法

环境工程实验设计方法可分为均分实验法和最优化设计实验法。

1.1.1　均分实验法

均匀划分实验范围，根据若干实验点获取可能的规律性，如流体阻力实验中流量的选择、离心泵试验中流量的选取等。

1.1.2　最优化设计实验法

（1）黄金分割法

已知实验范围（a,b），在（a,b）之间适当插入 X_1、X_2 两点作为实验点进行实验。比较X_1和X_2的计算结果，如果X_1优于X_2，就将（a,X_2）的实验范围舍去。取新的实验点安排在（X_2,b）的0.618位置处，即取X_3，比较X_1和X_3的结果，以此类推。反之，若X_2优于X_1，则将（X_1,b）的实验范围舍去，而将新的实验点X_3安排在（a,X_1）范围内，再将X_3与X_2比较，又可舍去一段实验范围。如此反复类推，实验点的优化范围越来越小，直至实验结果满意为止。

（2）正交试验设计法

从“均匀分散，整齐可比”的角度出发，用正交表来安排少量的试验，从多个因素中分析哪些是主要的，哪些是次要的，以及它们对试验的影响规律，从而找出较优的工艺条件。正交表是正交试验设计法中安排试验和分析试验的工具，用正交表安排的试验方案具有代表性，能够全面地反映各因素水平对指标影响的大致情况。该方法的优点是从方案设计到结果分析可以完全表格化，实验具有均匀分散、整齐可比性，是进行多因素实验方案设计和结果分析的有效方法，因此被广泛使用，如用于馏实验。

（3）均匀设计法

均匀设计法是一种只考虑试验点在实验范围内的均匀散布，而没有考虑整齐可比性的实验设计方法。

1.2 正交试验分析举例

正交试验设计和分析方法是目前最常用的工艺优化试验设计和分析方法，是部分因子设计的主要方法。正交试验以概率论、数理统计和实践经验为基础，利用标准化正交表安排试验方案，并对结果进行计算分析，最终迅速找到优化方案，是一种高效处理多因素优化问题的科学计算方法。

【例1-1】某化工厂想提高某化工产品的质量和产量，对工艺中3个主要因素各按3个水平进行试验（表1-1）。试验的目的是提高合格产品的产量，寻求最适宜的操作条件。对此该如何进行试验方案的设计呢？

表1-1 因素水平

水平	因素		
	温度 t/℃	压力 p/Pa	加碱量 m/kg
1	t_1(80)	p_1(5.0)	m_1(2.0)
2	t_2(100)	p_2(6.0)	m_2(2.5)
3	t_3(120)	p_3(7.0)	m_3(3.0)

本实例中很容易想到的是全面搭配法方案（图1-1）。

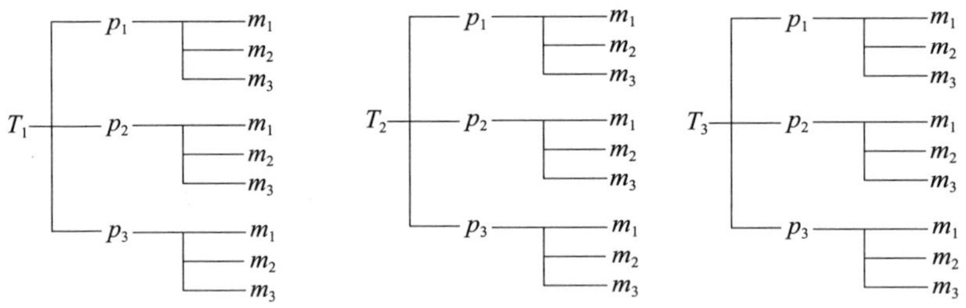

图1-1 全面搭配法方案

此方案数据点分布的均匀性极好，因素和水平的搭配十分全面，唯一的缺点是实验次数多达$3^3=27$次（指数3代表3个因素，底数3代表每个因素有3个水平）。因素、水平数越多，则实验次数越多。例如，做一个6因素3水平的试验，就需$3^6=729$次实验，显然难以做到。因此需要寻找一种合适的试验设计方法。

从图 1－1 中可以看出，采用全面搭配法方案，需做 27 次实验。那么采用简单比较法方案又如何呢?

首先固定t_1和p_1，只改变 m，观察因素 m 根据不同水平的影响，做的如图 1－2（a）所示的 3 次实验，发现 $m=m_2$时的实验效果最好（好的用□标出），合格产品的产量最高，因此认为在后面的实验中因素 m 应取m_2水平。

其次固定T_1和m_2，改变 p 的 3 次实验，如图 1－2（b）所示，发现 $p=p_3$时的实验效果最好，因此认为因素 p 应取p_3水平。

最后固定p_3和m_2，改变 t 的 3 次实验，如图 1－2（c）所示，发现因素 t 宜取t_2水平。

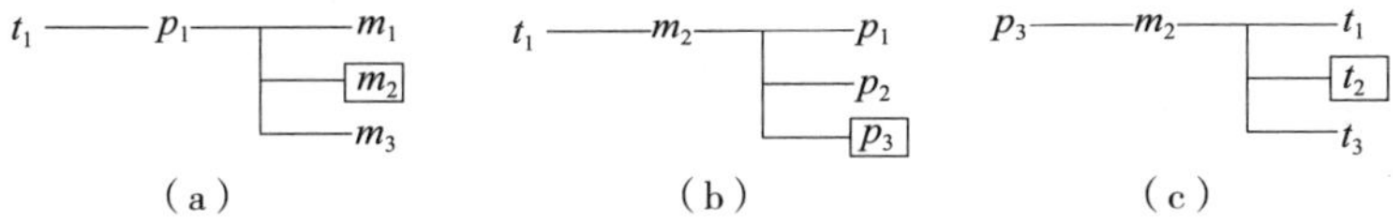

图 1－2　简单比较法方案

因此可以得出结论：为提高合格产品的产量，最适宜的操作条件为$T_2p_3m_2$。与全面搭配法方案相比，简单比较法方案的优点是实验的次数少，只需做 9 次实验即可。但必须指出的是，简单比较法方案的实验结果是不可靠的，因为，在改变 m 值（或 p 值，或 T 值）的 3 次实验中，m_2或p_3或t_2水平最好是有条件的。在 $t\neq t_1$，$p\neq p_1$时，m_2水平也可能不是最好的；在改变 m 的3 次实验中，固定 $t=t_2$，$p=p_3$也是可以的，是主观选择的，故在此方案中数据点分布的均匀性毫无保障；用这种方法比较条件好坏时，只是对单个实验数据进行数值上的简单比较，不能排除必然存在的实验数据误差的干扰。

运用正交试验设计法，不仅兼有上述两个方案的优点，而且实验次数少，数据点分布均匀，结论的可靠性也较好。

正交试验设计法是用正交表来安排试验的。对于例 1－1 适用的正交表是 $L_9(3^4)$，其试验安排表见表 1－2。

所有的正交表与$L_9(3^4)$正交表一样，都具有以下两个特点：①在每一列中，各个不同的数字出现的次数相同。在表$L_9(3^4)$中，每一列有 3 个水平，水平 1、水平 2、水平 3 都是各出现 3 次；②表中任意两列并列在一起形成若干个数字对，不同数字对出现的次数相同。在表$L_9(3^4)$中，任意两列并列在一起形成的数字对共有 9 个：(1，1)，(1，2)，(1，3)，(2，1)，(2，2)，

(2, 3), (3, 1), (3, 2), (3, 3), 每个数字对各出现一次。

表 1-2　正交试验安排表

实验号	因素		
	温度 t/℃	压力 p/Pa	加碱量 m/kg
1	T_1	p_1	m_1
2	T_1	p_2	m_2
3	T_1	p_3	m_3
4	T_2	p_1	m_1
5	T_2	p_2	m_2
6	T_2	p_3	m_3
7	T_3	p_1	m_1
8	T_3	p_2	m_2
9	T_3	p_3	m_3

这两个特点称为正交性。正是正交表的上述特点，保证了用正交表安排的试验方案中因素水平是均衡搭配的、数据点的分布是均匀的。因素、水平数越多，运用正交试验设计法越能显示出它的优越性。如上述提到的 6 因素 3 水平试验，用全面搭配方案需要做 729 次试验，而用正交表 $L_{27}(3^3)$ 来安排，则只需做 27 次试验。

在化工生产中，因素之间常有交互作用。如上述因素 t 的数值在水平发生变化时，试验指标随因素 p 变化其规律也发生变化；反过来，因素 p 的数值和水平发生变化时，试验指标随因素 t 变化其规律也发生变化。这种情况称为因素 t、p 间有交互作用，记为 $t \times p$。

使用正交试验设计法进行试验方案的设计，就必须使用正交表。正交表有两种：同水平正交表和混合水平正交表。同水平正交表是指各因素的水平数相等的正交表，目前有二、三、四、五、七、八、九水平正交表。这种正交表不仅可以使每个因素的不同水平在每一列中出现的次数相等，也可以考察部分因素之间的交互作用。混合水平正交表是指各因素的水平数不完全相等的正交表，这种正交表可以安排水平数不同的多因素试验，使用方便，但有时不便于考察因素之间的交互作用。正交表的代号表示为 $L_n(q^m)$，其中 L 表示正交表，n 表示试验次数，q 表示因素水平数，m 表示因素个数，在正交表中表示其列数。在选择正交表时，首先根据因素水平数和因素的个数确定使用正交表的类型，其中因素水平数应该与正交表中的 q 值完全相等，因素的个数只要不大于 m 值即可选用该正交表。混合水平正交表表示为 $L_n(p \times q^m)$，表示试验总次数为 n 的正交表中可以安排一个 p 水平和最多 m 个 q 水平的因素。另外，正交表中的行和列发生变化时，试验的方案和正交表的几何结构并无本质变化，因此值得注意的是代号相同的正交表并不唯一，但是代号相同的正交表是等价的。在试验设计过程中，可以根据因素的数量和水平数灵活多变地、合理地选择正交表并安排试验。

2 误差与不确定度

在实验研究工作中，一方面要拟定实验方案，选择一定精度的仪器和适当的方法进行测量；另一方面必须将所测得的数据加以整理归纳，科学地分析并寻求被研究变量间的规律。但由于仪器和感觉器官的限制，实验测得的数据只能达到一定程度的准确性。因此，在实验前要了解测量所能达到的准确度，在实验后要合理地进行数据处理，就必须具有正确的误差概念，并在此基础上通过误差分析，选用最合适的仪器量程，寻找适当的实验方法，得出测量的有利条件。

2.1 测量误差与不确定度

2.1.1 测量误差的概念

在任何一种测量中，无论所用仪器多么精密，方法多么完善，实验者多么细心，所得结果往往也不完全一致，而会有一定的误差，没有误差的测量结果是不存在的。随着科学技术水平的不断提高，测量误差可以被控制得越来越小，但是永远不会降低到0。

测量误差 = 测量值 - 真值

真值，是在特定条件下被测量的客观实际值，当被测量的过程完全确定，且所有测量的不完善性完全排除时，测量值就等于真值。也就是说，真值通过完善的测量才能获得，但是严格、完善的测量难以做到，所以真值就很难确定。

在实践过程中，一般采用约定真值，即对明确的量赋予值，有时也叫“约定值”或者“参考值”。在校准仪器中，把高一级标准器的测量值作为低一级标准器或者普通仪器的约定真值。

上述定义的误差均为绝对误差。如没有特殊说明，误差就是指绝对误差。设被测量的真值为 α，则测量值 x 的绝对误差 δ 表示为：

$$\delta = x - \alpha \qquad (1-1)$$

在实际测量中，有些问题往往需要用相对误差概念表示。例如，测量 1 m

长度相差 1 mm 和测量 100 m 长度相差 1 mm，其绝对误差相同，但相对误差不同。相对误差是绝对误差与真实值之间的比值。在近似条件下，相对误差也可表示为绝对误差与测量值之间的比值。即

$$相对误差 = \frac{\delta}{\alpha} \times 100\% \tag{1-2}$$

相对误差还有一种简单的形式——引用误差，它在多挡或者连续刻度的仪表中被广泛应用。为了减少误差计算中的步骤以及方便划分仪表正确度等级，一律取仪表量程或者测量范围上限值为误差计算的分母（即基准线），而分子用仪表量程范围内可能出现的最大绝对误差值。引用误差通常以百分数形式给出。电工仪表的准确等级分为 0.1，0.2，0.5，1.0，1.5，2.5 和 5.0 共 7 级，就是用仪表的最大引用误差为标志的。对于第 S 级仪表，其合格仪表的最大引用误差不得超过 $S\%$，但不能认为各个刻度点上的显示值误差都是 $S\%$。假设某仪表的满刻度值为x_n，测量点的值为 x，则该仪表在 x 值邻近处的示值误差为

$$绝对误差 \leqslant x_n \cdot S\%，相对误差 \leqslant \frac{x_n}{x} \times S \times 100\% \tag{1-3}$$

因为$x \leqslant x_n$，所以 x 越接近于x_n，其准确度越高；x 离x_n越远，其准确度越低。因此，用这种仪表时，应选择适当的量程，尽可能使测量点在 2/3 量程以上。

2.1.2　系统误差、随机误差和粗大误差

（1）系统误差

系统误差是由某种特殊原因造成的恒定偏差，其数值或者偏大或者偏小，其数值总可设法加以确定。一般来说，它们对测量结果的影响可用改正量来校正。引起系统误差的情况很多，具体如下：

①仪器误差。这是由于仪器构造不够完善、示数部分的刻度不够准确引起的，如天平零点的移动，气压表的真空度不高，温度计、移液管、滴定管的刻度不够准确等。

②测量方法本身的限制。如根据理想气体方程式测量某蒸气的相对分子质量时，由于实际气体对理想气体存在偏差，用外推法求得的相对分子质量总比实际的相对分子质量大。

③个人习惯误差。这是由观测者自己的习惯和特点引起的，如记录某一

信号的时间总是滞后，有人对颜色的感觉不灵敏，滴定等当点总是偏高等。

系统误差产生原因往往是可知的，一经查明就应设法消除其影响。对不能消除的系统误差，可以对测量值加以修正或者减小其影响并估计出误差范围。

（2）随机误差

随机误差，又称偶然误差，是指在一定条件下进行多次测量时，以不可预知的随机方式变化的测量误差。这种误差值时大时小，时正时负，没有规律性。

随机误差受到许多不可控因素的影响。例如，仪器性能的微小波动，实验者感官分辨本领的限制，以及一些尚未发现的因素等。这种误差对每次测量来说没有必然的规律性，但进行多次重复测量时会呈现出统计规律性，因此可以用概率统计的方法处理含有随机误差的数据。

（3）粗大误差

粗大误差是指明显超过规定条件下预期值的误差。这是在实验过程中，由于某些差错使得测量值明显偏离正常测量结果的误差。例如，读错、记错数，或者环境条件突然发生变化而引起的测量值错误等。在实验数据处理中，应按照一定的规则来剔除粗大误差。

2.1.3 测量不确定度的概念

不确定度，是由于误差的存在使得被测量值不能确定的程度，它是表征被测量真值所处量值范围的一个评定。由此可见，不确定度与误差存在区别，误差是一个理想的概念，一般不能准确得出，而不确定度反映误差存在的分布范围，即随机误差分量和未定系统误差分量的综合分布范围，可由误差理论求得。

不确定度按其分类方法不同，可分为A类评定和B类评定。

（1）A类评定

A类评定是指对样本观测值用统计分析的方法进行不确定度评定的方法。

（2）B类评定

B类评定是指对样本观测值用不同于统计分析的其他方法进行不确定度评定的方法。

A、B两类不确定度的评定方法都基于某种概率分布，能够用方差或者标准差定量表达。应该指出的是，随机误差和未定系统误差并不简单对应A类和B类不确定度分量。原因在于对未能进行 n 次重复测量的情况，其随机误差不可能利用统计学理论处理，而是要利用可能变化的信息进行判断，这就属于 B 类不确定度评定。

2.2　测量误差分析

无论是随机误差还是系统误差，都存在概率分布问题。若误差是随机误差，可将其视为一个随机变量，了解其概率分布特征也就清楚该误差分布的特征和表达方法。要想深入地讨论测量误差，需要丰富的实践经验和概率统计理论基础。

2.2.1　概率统计的几个基本概念

（1）随机事件以及概率

在测量实验中，有许多被测量对象本身具有随机性。如果在一定条件下，进行 N 次实验，其中，事件 A 发生了N_A次，那么比值N_A/N 就称为事件 A 发生的频率。如果随着实验次数 N 增加，频率N_A/N 越来越趋于某个确定值，那么当 $N\to\infty$时，频率的极限值成为事件 A 发生的概率，记作$P_r(A)$，即

$$P_r(A)=\lim_{n\to\infty}\left(\frac{N_A}{N}\right)^n \tag{1-4}$$

不同的随机事件由不同的数来表示，这个数便是随机变量。随机变量有两种类型：只能取有限个数值的随机变量称为离散型随机变量；可能值布满某个区间的随机变量称为连续型随机变量。

随机变量全部可能取值的集合称为总体（或母体），总体的任何一个部分称为样本（或子样）。在实际试验中，对某个量做有限次的测量，测量结果就是获得某随机变量的样本。

（2）分布函数、概率函数和概率密度函数

设有随机变量 X，它的取值 x 可以排列在实数轴上，其概率分布用分布函数 $F(x)$ 表示。$F(x)$ 在 x 处的取值，等于 X 取值小于和等于 x 这样一个随机事件的概率

$$F(x)=P\{X\leqslant x\} \tag{1-5}$$

因此，若已知 X 的分布函数，我们就知道 X 在任一区间 $[x_1, x_2]$ 上的概率，从这个意义上说，分布函数完整地描述了随机变量的统计规律性。

如果将 X 看成是数轴上的随机点的坐标，那么分布函数 $F(x)$ 在 x 处的

函数值就表示 X 落在区间（$-\infty$，x］上的概率。

分布函数 $F(x)$ 的基本性质如下：

① $F(x)$ 是一个不减函数；

② $0 \leqslant F(x)$，且 $F(-\infty)=\lim\limits_{x \to -\infty} F(x)=0$ (1-6)

对于离散型随机变量 X，它只能取可数个数值 $x=x_1$，x_2，…，除用分布函数表示外，还可以用概率函数 $p(x)$ 表示它的分布。概率函数在某一点 x 的取值等于随机变量 X 取值为 x 的概率，即

$$p(x)=P_r(X=x) \tag{1-7}$$

根据分布函数和概率函数的定义可知：

$$P(x)=\sum_{x_i=x} p_i(x_i)$$

对于连续型随机变量，可以引入概率密度函数 $p(x)=\dfrac{dP(x)}{dx}$。因此有

$$P(x)=\int_{-\infty}^{x} p(x)\,dx$$

根据上式得：

$$\int_{-\infty}^{x} p(x)\,dx=1 \tag{1-8}$$

这就是 $P(x)$ 满足的归一化条件。

随机变量在区间［a，b］内取值的概率 P_r（$a \leqslant x \leqslant b$）称为区间［$a$，$b$］的概率含量。区间［$a$，$b$］的概率含量为

$$P_r(a \leqslant x \leqslant b)=\int_a^b p(x)\,dx$$

无论是分布函数、概率函数还是概率密度函数的概念，都可以应用到多个随机变量的情形。如果 x 和 y 是两个相互独立的随机变量，那么根据概率理论，它们的联合概率密度等于各自概率密度的乘积，即

$$p(x, y)=p(x)p(y) \tag{1-9}$$

2.2.2 常用的概率分布

由于随机变量受到不同因素的影响，或者实验本身的统计性误差，随机变量的概率分布形式多种多样。

（1）二项式分布

若随机事件 A 发生的概率为 P，不发生的概率为（$1-P$），则在 N 次独立实验中事件 A 发生 k 次的概率为

$$p(k)=\frac{N!}{k!\ (N-k)!}P^k(1-P)^{N-k} \tag{1-10}$$

上式中 $\frac{N!}{k!\ (N-k)!}$ 代表 N 次实验中事件 A 发生 k 次，而不发生（$N-k$）次的各种可能组合数。由于这个概率表达式是二项式展开式中的一项，因此式（1-10）所表示的概率分布称为二项式分布。

利用二项式定理可以求出遵从二项式分布的随机变量 A 的期望值和方差，分别为

$$\langle k\rangle = \sum_{k=0}^{N} k\frac{N!}{k!(N-k)!}P^k(1-P)^{N-k} = NP \tag{1-11}$$

$$\sigma^2(x) = (k^2)-(k)^2 = NP(1-P) \tag{1-12}$$

二项式分布有许多实际的应用，例如，穿过仪器的 N 个粒子被仪器探测到 k 个的概率；在产品质量检查或者民意测验中，抽验实验以确定合乎其条件结果的概率，都是二项式分布问题。

（2）泊松分布

泊松分布是二项式分布的极限情况，它是无穷多次独立实验的总结果。二项式分布的概率函数式：

$$p(x) = \frac{N!}{k!(N-k)!}P^k(1-P)^{N-k}$$

当 $N\to\infty$ 时，便可得出

$$p(x) = \frac{m^k}{k!}\mathrm{e}^{-m} \tag{1-13}$$

上式表示的概率分布称为泊松分布。k 是离散型的随机变量，$k=1$，2，3，…，注意到 $p\to 0$ 时 $NP\to\infty$，利用式（1-11）和式（1-12）可以得到，遵从泊松分布的随机变量 k 的期望值、方差分别为

$$\langle k\rangle = NP = m \tag{1-14}$$

$$\sigma^2(x) = NP(1-P) = m \tag{1-15}$$

可以看出泊松分布只有一个参数 m，m 等于随机变量的期望值或者方差。

在物理实验中，泊松分布是一种常见的分布。例如，放射性物质在一定时间间隔内的衰变数便服从泊松分布。

(3) 均匀分布

若连续随机变量 x 在区间 $[a,b]$ 上取值恒定不变，则这种分布称为均匀分布。均匀分布的概率密度函数为

$$p(x) = \begin{cases} \frac{1}{a-b}, a < x < b \\ 0, 其他 \end{cases} \tag{1-16}$$

均匀分布的期望值和方差为

$$\langle x \rangle = (a+b)\langle x \rangle = (a+b)/2 \tag{1-17}$$

$$\sigma^2(x) = (b-a)^2/2 \tag{1-18}$$

实验中常用 [0, 1] 区间的均匀分布，若用 γ 表示该区间的随机变量，则概率密度函数为

$$p(\gamma) = \begin{cases} 1, 0 < \gamma < 1 \\ 0, 其他 \end{cases}$$

随机变量 γ 在 $[0,1]$ 区间的期望值和方差不难求得。

均匀分布是一种最简单的连续型随机变量分布，如机械传动齿轮的回差、数值计算中凑整的舍入误差等都遵从均匀分布。

(4) 正态分布

正态分布又称为高斯分布，是误差理论中最重要的分布，它是一种连续型分布，其概率密度函数为

$$p(x) = \frac{1}{\sigma\sqrt{2\pi}}\exp\left[-\frac{1}{2}\left(\frac{x-\mu}{\sigma}\right)^2\right] \tag{1-19}$$

式中：x——连续型随机变量；

μ 和 σ——分布参数，且 $\sigma < 0$。

通常用 $n(x;\mu,\sigma^2)$ 表示正态分布的概率密度函数，用 $N(x;\mu,\sigma^2)$ 表示正态分布的分布函数，则遵从正态分布的随机变量 x 的期望值和方差分别为

$$\langle x \rangle = \int_{-\infty}^{+\infty} x \cdot n(x;\mu,\sigma)\mathrm{d}x = \mu \tag{1-20}$$

$$\sigma^2(x) = \int_{-\infty}^{+\infty} (x-\mu) \cdot n(x;\mu,\sigma)\mathrm{d}x = \sigma^2 \tag{1-21}$$

参数 μ 就是正态变量的期望值，如果消除了测量时的系统误差，μ 通常就是待测物理量的真值，它决定分布的位置；σ 就是分布的标准差，它决定概率密度函数曲线的“胖”和“瘦”，即分布偏离期望值的离散程度。其中，期望值 $\mu = 0$，方差 $\sigma^2 = 1$ 的正态分布叫做标准正态分布。

2.3　实验数据的分析与处理

2.3.1　系统误差的分析与处理

在测量过程中，如果发现有显著系统误差存在，就尽量采取适当的技术措施将其减小或消除。减小或消除系统误差的方法与具体的测量对象、测量方法以及测量人员的经验有关，下面介绍其中最基本的方法，以及适应各种系统误差的特殊方法。

（1）系统误差存在的判断

判断系统误差存在的常用方法是对比实验法。即把要判断的实验结果和标准值、理论值进行比较，或者与标准度较高的仪器所测量的值相比较，还可以和不同的实验方法测得的结果相比较。由于随机误差不可避免，在系统误差与随机误差同时存在的情况下，应进行多次测量以减少随机误差的影响，从而有效地判断系统误差的存在。

分布检验也是判断系统误差的一种重要方法。通过假设检验，先理论分析之前同类的测量经验，得出的测量值应该遵从某种分布，然后用χ^2统计量做检验，判断实验结果是否符合假设分布规律，若不符合，则可认为测量中可能存在系统误差。

直接分析实验方法以及实验条件的变化，也是判断系统误差的一种有效方法。如果实验方案本身就存在不完备性，则这个实验必然存在系统误差；另外，有些实验所研究的物理现象存在统计涨落，比如测量仪器产生零点漂移、控制的实验条件随时间变化显著等，也会带来系统误差。

（2）系统误差的限制和消除方法

1）消除产生系统误差的根源

从产生误差根源上消除误差是最根本的方法，它要求测量人员对测量过程中可能产生的系统误差的各个环节进行细致分析，并在正式测量前就将系统误差从根源上消除。分析查找系统误差源常见的方法有：

①检查所用基、标准件（如量块、刻尺、光波波长等）是否准确可靠；

②检查所用测量仪器是否处于正常的工作状态；

③注意避免测量人员带入主观误差，如视差、注意力不集中等；

④检查采用的测量方法和计算方法是否正确，有无理论误差；

⑤检查试样以及测量场所的环境条件是否符合规定要求，如温度、湿度、尘雾、气流等，要严格防止在超出规定限度变化的环境条件下进行测量。

2）在测量中限制和消除系统误差

对于固定不变的系统误差的限制和消除，在测量过程中常常采用下列方法：

①抵消法。有些定值的系统误差无法从根源上消除，也难以确定其大小而进行修正，但是可以对其进行两次不同的测量，使两次读数时出现的系统误差大小相等而符号相反，然后取两次测量的平均值便可消除系统误差。

②替代法。替代法的实质是在装置上测量被测量后，立即用相应标准量替代被测量，放到测量装置上再次进行测量，从而得到该标准量测量结果与已知标准量的差值，即系统误差。取其负值即可作为被测量测量结果的修正。例如，用天平称重一个物体，其质量为 m，若天平两臂l_1和l_2不等，先使 m 与砝码 G 平衡，则有 $m = G\, l_2/l_1$。再以标准砝码 P 取代质量为 m 的物体，若调节 P 与 G 达到平衡，则有 $P = G\, l_2/l_1$。从而 $m = P$，消除了天平不等臂引起的系统误差。

③交换法。根据误差产生的原因，对某些条件进行交换，以消除固定的误差。例如用电桥测电阻，得$R_X = R_S R_1/R_2$。若两臂R_1和R_2有误差，可以将被测电阻R_X与R_S交换再测得$R'_S = R_X R_1/R_2$。从而可得$R_X = \sqrt{R_S R'_S}$，消除了误差。

④对称观测法。随着时间的变化，被测量值发生线性变化，如图 1－3 所示。若定某时刻为中点，则对称于点的系统误差的算术平均值彼此相等，即 $\frac{x_1 + x_5}{2} = \frac{x_2 + x_4}{2} = x_3$，利用此规律，可以把测量点对称安排，取每组对称点读数的算术平均值作为测量值，便可消除这类系统误差。

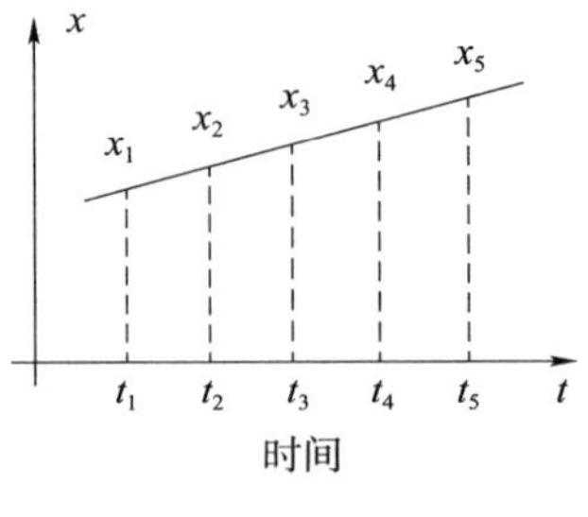

图 1－3　线性变化的系统误差

⑤半周期偶次测量法。对周期性误差，可以相隔半个周期进行两次测量，取两次读数平均值，即可有效地消除周期性系统误差。这种消除周期性系统误差的方法称为半周期法。

⑥实时反馈修正法。这是消除各种变值系统误差的自动控制方法。当查明某种误差因素（如位移、气压、温度等）变化时，由传感器将这些因素引起的误差反馈回控制系统，根据其影响测量结果的函数关系进行处理修正。这种方法在微机控制的自动测量技术中得到广泛应用。

2.3.2　随机误差的统计分析

数据分析的任务是要从测量结果中找出随机变量的分布规律或者它的数字特征，从而得出结论。由于测量时不是对全部可能的取值进行研究，只是得到一个容量有限的随机子样，因此基于这个随机子样得出的结论一定包含不确定性。概率就是这种不确定性的度量。例如，对于某个正态变量测量结果表达为 $x=\bar{x}\pm\sigma$，通常意味着 x 在 $\bar{x}-\sigma$ 到 $\bar{x}+\sigma$ 范围内取值的概率为 68.3%，表述这一结论所用的概率称为“置信水平”。

由于子样平均值 $\bar{x}$ 本身也是一个随机变量，故区间 $\bar{x}\pm\frac{\sigma}{\sqrt{n}}$ 也应该是随机的，即

$$p\left\{\bar{x}-\frac{\sigma}{\sqrt{n}}<\alpha<\bar{x}+\frac{\sigma}{\sqrt{n}}\right\}=0.683 \qquad (1-22)$$

或

$$p\left\{\alpha-\frac{\sigma}{\sqrt{n}}<\bar{x}<\alpha+\frac{\sigma}{\sqrt{n}}\right\}=0.683 \qquad (1-23)$$

上述两式说明在区间 $\bar{x}\pm\frac{\sigma}{\sqrt{n}}$ 内包含真值的可靠度为 68.3%，或者说子样平均值有 68.3% 的可能性落在以真值 α 为中心、$\alpha\pm\frac{\sigma}{\sqrt{n}}$ 的区间范围内。

通常称 $\bar{x}\pm\frac{\sigma}{\sqrt{n}}$ 为置信区间（或置信限），$\frac{\sigma}{\sqrt{n}}$ 为置信区间的半长。68.3% 为置信概率（或者置信度），常表示为 $1-a$，α 称为显著性水平。

概括起来，可以对测量结果得出以下结论：

$$\text{测量结果}=\text{子样平均值}\,\bar{x}\pm\text{置信区间半长}\,\frac{\sigma}{\sqrt{n}}$$

该结论说明，一切测量结果应该理解为一定置信概率下，以子样平均值为中心、以置信区间半长为界限的量，这正是误差系统的意义所在。

当随机变量规律的函数形式已知，其中某些参数的数值未知时，数据处理的任务就是要估计这些参数的数值。在实验测量中，这些参数往往就是我们要求的物理量。θ 是分布 $p(x;\theta)$ 的参数，测量得到的子样为 $x_1,x_2,x_3,\cdots,x_N$，当 θ 未知时，我们可以寻找子样的一个合适的函数 $\hat{\theta}_1(x_1,x_2,x_3,\cdots,x_N)$ 和 $\hat{\theta}_2(x_1,x_2,x_3,\cdots,x_N)$，且有 $\hat{\theta}_1<\hat{\theta}_2$，使得参数 θ 落在区间 $[\hat{\theta}_1,\hat{\theta}_2]$ 有足够大的概率，这种估计方法称为分布参数的区间估计。

（1）参数估计的最大似然法

子样 $x_1,x_2,x_3,\cdots,x_N$ 可以看作 N 维的随机变量，它们的联合概率密度称为子样的似然函数。由于 $x_1,x_2,x_3,\cdots,x_N$ 是随机变量 x 的随机子样，因此其中各个随机变量 x 的概率密度函数（对于离散型变量，则是概率函数）的形式和 x 的概率密度函数 $p(x;\theta)$ 相同，只需把 x 换为x_i，即似然函数为

$$L=(x_1,x_2,x_3,\cdots,x_N;\theta)=\prod_{i=1}^{N}p(x_i;\theta)$$

对于已知的 θ，L 的大小表明哪些子样有较大的可能性；当 θ 未知而 $x_1,x_2,x_3,\cdots,x_N$ 已知时，采用 θ 值不同的估计来计算 L 将有不同的数值，L 的大小说明哪些 θ 值有较大的可能性。选择使得实测数值有较大概率密度的参数作为 θ 的估计值是一种很自然的估计方法，称为最大似然法。若估计值$\hat{\theta}$使得似然函数最大，即：$\dfrac{\partial\ \ln L=(x_1,x_2,x_3,\cdots,x_N;\theta)}{\partial\ \theta}=0$

$$L=(x_1,x_2,x_3\cdots,x_N;\theta)\mid_{\theta=\hat{\theta}}=\max L$$

则称$\hat{\theta}$为参数 θ 的最大似然估计。求最大似然估计量的具体办法是解似然方程

$$\frac{\partial\ \ln L=(x_1,x_2,x_3\cdots,x_N;\theta)}{\partial\ \theta}=0 \tag{1-24}$$

数理统计的理论证明，用最大似然法求出估计计算量具有一系列的优点，但最大似然估计量通常是渐进的无偏估计量。

（2）χ^2检验

若 N 个不等精度的观测值x_i分别服从正态分布 $n(x;\mu,\sigma^2)$，这时χ^2的定义为

$$\chi^2=\sum_{i=1}^{N}\frac{(x_i-\bar{x})^2}{\sigma_i^2} \tag{1-25}$$

式中：$\bar{x}$——x_i的加权平均值。

如果某些观测值存在系统误差使得它们的期望值偏离被测量的真值μ，或者某些观测值对误差σ_i的估计过小都会使χ^2量的数值远小于$N-1$。因此，当χ^2量的数值远远小于$N-1$时，表明这组观测值之间不协调。χ^2检测可以帮助我们发现是否有明显的系统误差，但并不能把系统误差都找出来，χ^2量偏大也有可能是统计涨落的结果。

2.4 最小二乘法拟合

2.4.1 最小二乘法原理

在两个观测量中，总有一个量精度比另一个高，为了简单起见，把精度较高的观测量看作没有误差，并把这个观测量选作x；而把所有的误差只认为是y的误差。设x和y的函数关系为

$$y = f(x;c_1,c_2,\cdots,c_m) \tag{1-26}$$

其中，$c_1,c_2,\cdots,c_m$是m个要通过实验确定的参数。对于每组观测数据(x_i,y_i)，$i=1,2,\cdots,N$，都对应xy平面上一点。若不存在测量误差，则这些数据点都能准确落在理论曲线上。只要选取m组测量值代入式（1－26）中，便得到方程式

$$y_i = f(x;c_1,c_2,\cdots,c_m) \tag{1-27}$$

式中，$i=1$，2，…，m。求m个方程的联立解即得出m个参考数值。$N<m$时，参数不能确定。

在$N>m$的情况下，式（1－27）成为矛盾方程组，不能直接用解方程的方法求得m个参数值，只能用曲线拟合的方法来处理。设测量过程中不存在系统误差，或系统误差已得到修正，则y的观测值y_i围绕着期望值$\langle f(x;c_1,c_2,\cdots,c_m)\rangle$摆动，其分布为正态分布，即$y_i$的概率密度为

$$p(y_i) = \frac{1}{\sqrt{2\pi}\,\sigma_i}\exp\left\{\frac{[y_i-\langle f(x;c_1,c_2,\cdots,c_m)\rangle]^2}{2\sigma_i^2}\right\}$$

式中：σ_i——分布的标准误差。

为简便起见，下面用C代表（$c_1,c_2,\cdots,c_m$）。因为各个观测量是相互独立的，故观测值（$y_1,y_2,\cdots,y_N$）的似然函数为

$$L = \frac{1}{(\sqrt{2\pi})^N \sigma_1 \sigma_2 \cdots \sigma_N} \exp\left\{-\frac{1}{2}\sum_{i=1}^{N}\frac{[y_i - f(x;C)]^2}{\sigma_i^2}\right\} \quad (1-28)$$

取似然函数 L 最大来估计参数 C，应使 $\sum_{i=1}^{N}\frac{[y_i - f(x;C)]^2}{\sigma_i^2}$ 取极小值，对于 y 不限于正态分布来说，式（1－28）称为最小二乘法准则。若为正态分布，则最大似然法与最小二乘法是一致的。权重因子 $w_i = 1/\sigma_i^2$，由式（1－28）可知，用最小二乘法来估计参数时要求各个测量值 y_i 的偏差的加权平方和为最小，从而得到方程组

$$\sum_{i=1}^{N}\frac{1}{\sigma_i^2}[y_i - f(x;C)]\frac{\partial f(x;c)}{\partial c_k}\bigg|_{c=\hat{c}} = 0, \quad k = 1,2,\cdots,m \quad (1-29)$$

解方程组（1－29）得 m 个参数的估计值 $\hat{c}_1,\hat{c}_2,\cdots,\hat{c}_m$，从而得到拟合的曲线方程 $f(x;c_1,c_2,\cdots,c_m) = \hat{c}_1,\hat{c}_2,\cdots,\hat{c}_m$。

2.4.2 直线的最小二乘法拟合

曲线拟合中最基本和最常用的是直线拟合。设 x 和 y 之间的函数关系由直线方程（1－30）给出

$$y = a_0 + a_1 x \quad (1-30)$$

式中：a_0——截距；

a_1——斜率。

对于等精度测量得到的 N 组数据 (x_i,y_i)，$i = 1,2,\cdots,N$，x_i 值被认为是准确的，所有的误差只与 y_i 有关。下面利用最小二乘法把观测数据拟合为直线。

（1）直线参数的估计

前面指出，用最小二乘法估计参数时，要求观测值 y_i 的偏差的加权平方和为最小值。由式（1－29）可知

$$\sum_{i=1}^{N}[y_i - (a_0 + a_1 x_i)]^2\Big|_{a=\hat{a}} \quad (1-31)$$

最小，即对参数 a（代表 a_0,a_1）最佳估计，要求观测值 y_i 的偏差的平方和为最小。整理后得到方程组

$$\begin{cases}\hat{a}_0 N + \hat{a}_1 \sum x_i = \sum y_i \\ \hat{a}_0 \sum x_i + \hat{a}_1 \sum x_i^2 = \sum x_i y_i\end{cases} \quad (1-32)$$

解正规方程组便可求得直线参数 a_0 和 a_1 的最佳估计值，即

$$\hat{a}_0 = \frac{(\sum x_i^2)(\sum y_i^2) - (\sum x_i)(\sum x_i y_i)}{N(\sum x_i^2) - (\sum x_i)^2} \tag{1-33}$$

$$\hat{a}_1 = \frac{N(\sum x_i y_i) - (\sum x_i)(\sum y_i)}{N(\sum x_i^2) - (\sum x_i)^2} \tag{1-34}$$

（2）拟合结果的偏差

由于直线参数的估计值 $\hat{a}_0$ 和 $\hat{a}_1$ 是根据有误差的观测数据点计算出来的，所以，它们不可避免地存在偏差。与此同时，各个观测数据点不会都准确地落于拟合线上，观测值 y_i 与对应于拟合直线上的 $\hat{y}_i$ 之间也就有偏差。

首先讨论测量值 y_i 的标准差 S。根据式（1－31）可知，因等精度测量值 y_i 所有的 σ_i 都相同，可以用 y_i 的标准差 S 来估计，故该式在等精度测量值的直线拟合中可表示为

$$\chi^2_{\min} = \frac{1}{S^2}\sum_{i=1}^{N}[y_i - (\hat{a}_0 + \hat{a}_1 x)]^2 \tag{1-35}$$

已知测量值服从正态分布时，$\chi^2_{\min}$ 服从自由度 $v = N-2$ 的 χ^2 分布，其期望值为

$$S = \sqrt{\frac{1}{N-2}\sum_{i=1}^{N}[y_i - (\hat{a}_0 + \hat{a}_1 x)]^2} \tag{1-36}$$

式（1－36）所表示的 S 值称为拟合直线的标准偏差，它是检验拟合结果是否有效的重要标志。

下面讨论拟合参数偏差，由式（1－33）和式（1－34）可知，直线拟合的两个参数估计值 $\hat{a}_0$ 和 $\hat{a}_1$ 是 y_i 的函数。因为假设 x_i 是精确的，所有测量误差只与 y_i 有关，故两个估计参数的标准偏差可利用不确定度传递公式求得，即

$$S_{a_0} = \sqrt{\sum_{i=1}^{N}\left(\frac{\partial \hat{a}_0}{\partial y_i}S\right)^2},\quad S_{a_1} = \sqrt{\sum_{i=1}^{N}\left(\frac{\partial \hat{a}_1}{\partial y_i}S\right)^2}$$

把式（1－33）和式（1－34）分别代入上述两式，便可得出：

$$S_{a_0} = S\sqrt{\frac{\sum x_i^2}{N(\sum x_i^2) - (\sum x_i)^2}} \tag{1-37}$$

$$S_{a_1} = S\sqrt{\frac{N}{N(\sum x_i^2) - (\sum x_i)^2}} \tag{1-38}$$

(3) 相关系数及其显著性检验

当我们把观测数据点 (x_i, y_i) 做直线拟合时，还不大了解 x 与 y 之间线性关系的密切程度，为此要用相关系数 $r(x,y)$ 来判断：

$$r = \frac{\sum_i (x_i - \bar{x}) \cdot (y_i - \bar{y})}{\left[\sum_i (x_i - \bar{x})^2 \cdot (x_i - \bar{y})^2\right]\frac{1}{2}} \qquad (1-39)$$

式中，$\bar{x}$ 和 $\bar{y}$——分别为 x 和 y 的算术平均值。

r 值范围为 $-1 \sim +1$，即 $-1 \leqslant r \leqslant 1$。当 $r > 0$ 时，直线的斜率为正，称为正相关；当 $r < 0$ 时，直线的斜率为负，称为负相关；当 $|r| = 1$ 时，全部数据点 (x_i, y_i) 都落在拟合直线上；若 $r = 0$，则 x 与 y 之间完全不相关。r 值越接近 ± 1，则它们之间的线性关系越密切。

用相关系数做显著性检验，要给出相关系数的绝对值达到什么程度才可以用拟合直线来表示 x 与 y 的关系。所谓相关系数显著，即 x 与 y 关系密切。

(4) 非线性关系的线性化处理

若两个变量之间并非线性关系，通常要进行线性化处理才能做曲线拟合，有些非线性函数，只要做适当的变量置换，便可将其变为待定参数的线性拟合问题加以解决。

3 实验室基本常识及注意事项

3.1 实验室基本常识

3.1.1 实验室用水

实验室用水是质量控制的一个因素，影响到空白值及分析方法的检出限，尤其是微量分析，对水质有更高的要求。分析者对用水级别、规格应当了解，以便正确选用，并对特殊要求的水质进行特殊处理。

通常，在实验室洗涤仪器是先用自来水清洗后再用去离子水或蒸馏水清洗。进行无机微量分析要用二次去离子水，而有机微量分析又强调用重蒸馏水，所以我们应该了解有关实验室用水的知识。

（1）源水、纯水、高纯水

水的纯度指水中杂质的多少，从这个角度出发将水分为源水、纯水、高纯水三类。

1）源水

源水又称常水，指人们日常生活用水，主要分为地面水、地下水和自来水，源水是制备纯水的水源。因为源水中有悬浮物、胶体及溶解性物质等杂质，所以源水水质直接关系到纯水制备工艺的选取。

2）纯水

纯水是将源水经预处理除去悬浮物、不溶性杂质后，用蒸馏法或离子交换法进一步纯化，除去可溶性及不溶性盐类、有机物、胶体而达到一定纯度标准的水。

3）高纯水

高纯水指以纯水为水源，经离子交换、膜分离除去盐及非电解质，使纯水电解质几乎完全除去，又将不溶解胶体物质、有机物、细菌、SiO_2等去除到非常低的程度的水。

（2）纯水与高纯水水质标准

《分析实验室用水规格和试验方法》（GB/T 6682—2008）中规定了实验

室用水规格、等级、制备方法、技术指标及检验方法。表1－3列出了实验室一级、二级、三级用水性能主要指标。

表1－3　实验室用水级别指标

指标名称	一级	二级	三级
pH范围（25℃）	—	—	5.0～7.5
电导率（25℃）/（μS/cm）　≤	0.1	1.0	5.0
可氧化物限度实验	—	符合	符合
吸光度（254 nm，1 cm光程）　≤	0.001	0.01	—
二氧化硅含量/（mg/L）　≤	0.02	0.05	—

（3）蒸馏水与去离子水

1）蒸馏法

用蒸馏法制取的纯水，因为水中的绝大部分无机盐不挥发，因此水较为纯净，适用于一般化验室用水。若用硬质玻璃或石英蒸馏器制取重蒸馏水时，加入少量$KMnO_4$碱性溶液破坏有机物，可得到电导率为1.0～2.0 μS/cm的纯水，该纯水适用于有机物分析。

2）离子交换法

用离子交换法制取的纯水也叫去离子水或无离子水，与蒸馏法相比，离子交换法制取的纯水纯度高、成本低、产量大，目前被各种规模化实验室所采用，适用于一般分析及无机物分析。

3.1.2　化学试剂

实验室提供的试剂质量，直接影响分析结果的准确度。分析者应当对试剂分类、规格有所了解。分析测定时正确选用化学试剂，既能保证测定结果的准确性，又符合节约原则，而不应盲目选用高纯试剂。

（1）化学试剂的规格和标志

1）化学试剂的规格

化学试剂的规格反映试剂的质量，我国的化学试剂规格按纯度和使用要求分为高纯试剂（超纯、特纯）、光谱纯试剂、分光纯试剂、基准试剂、优级纯试剂、分析纯试剂、化学纯试剂等七种。国家和主管部门颁布的质量标准主要是后三种，即：优级纯试剂、分析纯试剂、化学纯试剂。

基准试剂是一类用于标定滴定分析中标准溶液的标准物质，可作为滴定分析中的基准物用，也可精确称量后用直接法配制成标准溶液。我国试剂标准的基准试剂（纯度标准物质）相当于国际纯粹与应用化学联合会（IUPAC）中的C级和D级。基准试剂主成分含量一般为99.95%～100.05%，杂质略低于优级纯或与优级纯相当。

优级纯试剂主成分含量高，杂质含量低，主要用于精密的科学研究和测定工作。

分析纯试剂主成分含量略低于优级纯，杂质含量略高，主要用于一般的科学研究和重要的测定工作。

化学纯试剂品质较分析纯差，主要用于工厂、教学实验的一般分析工作。

高纯、光谱纯及纯度99.99%（4个9也可用4N表示）以上的试剂，主成分含量高，杂质含量比优级纯低，且规定的检验项目多。其主要用于微量及痕量分析中试样的分解及试液的制备。高纯试剂多属于通用试剂，如HCl、$HClO_4$、NH_3、H_2O、Na_2CO_3、H_3BO_3等。

分光纯试剂要求在一定的波长范围内，干扰物质的吸收小于规定值。

2）化学试剂的标志

《化学试剂　包装及标志》（GB 15346—2012）规定用不同颜色的标签来标记化学试剂的等级及门类，见表1－4。

表1－4　化学试剂的标签颜色

级别（沿用）	中文标志	英文标志	标签颜色（沿用）
一级	优级纯	G. R.	深绿色
二级	分析纯	A. R.	金光红色
三级	化学纯	C. P.	中蓝色
	基准试剂		深绿色
	生物染色剂		玫红色

（2）化学试剂的选用和取用。

1）化学试剂的选用

选用试剂应综合考虑分析结果的准确度要求、所选方法的灵敏度、选择性、分析成本等，正确选用不同级别的试剂。因为试剂的价格与其级别关系很大，在满足实验要求的前提下，选用的试剂级别的原则是就低不就高。

痕量分析要选用高纯或优级纯试剂，以降低空白值和避免杂质干扰，同时对所用的纯水的制取方法和仪器的洗涤方法也应有特殊的要求。化学分析可使用分析纯试剂，有些教学实验，如酸碱滴定也可用化学纯试剂代替。但配位滴定最好选用分析纯试剂，因为其他试剂中有些金属离子杂质会封闭指示剂，使终点难以观察。

高纯试剂和基准试剂的价格比一般试剂要高许多倍，因此，应根据分析工作的具体情况进行选择。例如，若分析方法对 Fe^{3+} 离子要求高，在溶样、配制溶液时，应选用优级纯 HCl，因为 HCl 的各级试剂差别主要在 Fe^{3+} 离子含量。通常滴定分析配制标准溶液用分析纯试剂；仪器分析一般使用专用试剂或优级纯试剂；而微量、超微量分析应选用高纯试剂。

对分析结果准确度要求较高的工作，如仲裁分析、进出口商品检验、试剂检验等，可选用优级纯、分析纯试剂。车间控制分析可选用分析纯、化学纯试剂。

2）化学试剂的取用方法

化学试剂一般在准备实验时分装，把固体试剂装在易于取用的广口瓶中，液体试剂或配制成的溶液则盛放在易于倒取的细口瓶或带有滴管的滴瓶中。见光易分解的试剂（如硝酸银等）则应盛放在棕色瓶中。每个试剂瓶上都应贴上标签，上面写明试剂的名称、浓度（若为溶液时）和日期，同时在标签外面涂一薄层蜡来保护标签。

①固体试剂的取用规则

a）要用干净的试剂勺（药勺）取试剂。用过的试剂勺必须洗净并擦干后才能再次使用，以免沾污试剂。

b）取出试剂后应立即盖紧瓶盖，千万不能盖错瓶盖。

c）称量固体试剂时，注意不要取多，取多的试剂不能放回原瓶，可放在指定容器中供他人使用。

d）一般的固体试剂可以放在干净的称量纸或表面皿上称量。具有腐蚀性、强氧化性或易潮解的固体试剂不能在纸上称量，不准使用滤纸来盛放称量物。

e）有毒试剂要在教师指导下取用。

②液体试剂或溶液的取用

a）从滴瓶中取用液体试剂时，滴管绝不能触及所使用的容器器壁，以免沾污。滴管放回原瓶时不要放错。

b）取用细口瓶中的液体溶液时，先将瓶塞反放在桌面上，不要弄脏。把试剂瓶上贴有标签的一面握在手心，逐渐倾斜瓶子，倒出试液。试液应沿着洁净的试管壁流入试管或沿着洁净的玻璃棒注入烧杯。取出所需要的液体后，逐渐竖起瓶子，把瓶口剩余的一滴试液引入试管或烧杯中，以免液滴沿着瓶子外壁流下。

c）定量使用时可根据要求分别使用量筒（杯）或移液管。取多的试液不能倒回原瓶，可倒入指定容器内供他人使用。

d）夏季由于室温高，试剂瓶中易冲出气液，最好把瓶子在冷水中浸一段时间再打开瓶塞。取完试剂后要盖紧塞子，不可换错瓶塞。

e）如果需要嗅试剂的气味时，可将瓶口远离鼻子，用手在试剂瓶上方扇动，使空气流吹向自己而闻出气味，绝不可品尝试剂。

3.1.3　实验室常用的洗涤剂

在进行实验及分析测定过程中，必须使用洁净的仪器，否则仪器中的杂质会影响实验的进行及测定的准确性。所以对实验所用的各种仪器进行洗涤并洗净是最基本的也是非常重要的一项工作。

（1）实验室常用洗涤剂的种类

1）合成洗涤剂

生活中经常用到的洗洁精、餐洗剂和洗衣粉等，是洗涤仪器时首选的洗涤剂，其较强的去污能力能将玻璃仪器壁上的一般油污洗净，而且使用安全。

用途：只用于洗涤较少的、一般性油脂沾污的器皿的外壁及瓶口较大、可用刷子涮洗内壁的玻璃器皿。对于一些重油污及难洗涤的油污，应采用其他洗涤剂洗涤。

配制：用热水配成1%～2%的水溶液，若用洗衣粉，则可配成5%的热水溶液。

使用方法：先用自来水冲洗玻璃仪器，查看一下仪器的洁净程度，在油污较少时，用刷子蘸取配好的洗衣粉或稀释好的洗洁精、餐洗剂等涮洗玻璃仪器，然后再用自来水冲洗仪器，检查仪器是否洗净。若器壁不挂水珠，则用少量蒸馏水涮洗3次，以除去自来水中带来的杂质，控干水备用。

安全及注意事项：现配现用。

2）洗液

洗液主要用于洗涤被无机物沾污的器皿，它对有机物和油污的去污能力也较强，常用来洗涤一些小口、管细等形状特殊的器皿，如吸管、容量瓶等。实验室中常用的洗液见表1－5。

表1－5 常用洗液

洗液名称	配制方法	用途和用法	注意事项
铬酸洗液	称20 g工业重铬酸钾，加40 mL水，加热溶解。冷却后，沿玻璃棒慢慢加入360 mL浓硫酸，边加边搅拌，冷却后，转移至小瓶中备用	用于洗涤一般油污，用途最广；可浸泡、涮洗	①具有强腐蚀性，防止烧伤皮肤和衣物；②用毕回收，可反复使用；贮存时瓶塞要盖紧，以防吸水失效；③如该洗液颜色变成绿色，则失效，可加入浓硫酸后继续使用
碱性乙醇洗液	6 g氢氧化钠溶于6 g水中，加入50 mL 95%的乙醇，装瓶	用于洗涤油脂、焦油和树脂；浸泡、涮洗	①应贮于胶塞瓶中，久贮易失效；②防止挥发，防火
碱性高锰酸钾洗液	4 g高锰酸钾溶于少量水中，加入10 g氢氧化钠，再加水至100 mL，装瓶	用于洗涤油污、有机物；浸泡	浸泡后器壁上会残留二氧化锰棕色污迹，可用盐酸洗去
磷酸钠洗液	57 g磷酸钠，28.5 g油酸钠，溶于470 mL水中，装瓶	用于洗涤碳的残留物；浸泡、涮洗	浸泡数分钟后再涮洗
硝酸－过氧化氢洗液	15%～20%硝酸加等体积的5%过氧化氢	特殊难洗的化学污物	久存易分解，应现用现配，存于棕色瓶中
碘－碘化钾洗液	1 g碘和2 g碘化钾混合研磨，溶于少量水中，再加水至100 mL	用于洗涤硝酸银的褐色残留污物	—
有机溶剂（如苯、乙醚、丙酮、酒精、二氯乙烷、氯仿等）	—	用于洗涤油污和可溶于该溶剂的有机物	①注意毒性、可燃性；②用过的废溶剂应回收，蒸馏后仍可继续使用

（2）实验室常用洗涤剂的使用

洗涤仪器是一项很重要的操作。仪器洗得是否合格，会直接影响分析结果的可靠性与准确度。不同的分析任务对仪器洁净程度的要求虽有不同，但至少都应达到倾去水后器壁不挂水珠的程度。

洗涤任何仪器之前，一定要先将仪器内原有的物质倒掉，然后再按下述步骤进行洗涤：

1）用水洗

根据仪器种类和规格，选择合适的刷子蘸水刷洗，洗去灰尘和可溶性物质。

2）用洗涤剂洗

用毛刷蘸取洗涤剂反复刷洗，然后边刷边用水冲洗。当倾去水后，如果器壁上不挂水珠，则用少量蒸馏水或去离子水分多次（最少 3 次）涮洗，洗去所沾的自来水，即可（或干燥后）使用。

3）用洗液洗

用上述方法仍难洗净的仪器或不便于用刷子清洗的仪器，可根据污物的性质选用相宜的洗液洗涤。注意，在换用另一种洗液时，一定要除尽前一种洗液，以免互相作用，降低洗涤效果，甚至生成更难洗涤的物质。用洗液洗涤后，仍需先用自来水冲洗，洗去洗液，再用蒸馏水涮洗，除尽自来水。

3.2　实验过程中需注意的问题

3.2.1　正确使用和保护仪器

正确使用和保护仪器是爱护公共财产的具体表现，也是做好实验的保证，因此，进行实验之前必须严格遵守实验室制度，做好以下准备工作，保证实验顺利进行。

①实验前，分析人员必须正确了解和掌握仪器的性能和使用方法，保证仪器能正常使用；在实验中，必须严格按照仪器操作规程操作。

②仪器室应与化学处理室隔开，以防腐蚀性气体及水汽腐蚀仪器。分析仪器应放置在不受阳光直射、平稳牢固、便于工作的适当位置，防止发生振动，远离热源，并须经常保持清洁。分光光度计、测汞仪等精密仪器要有专人负责保管，并建立使用登记制度。

③分析天平应安置在专用房间里，且房间内不得安放含有较多水分的物品和具有挥发性、腐蚀性的化学药品。

④实验室所有电气设备不得私自拆动及随便进行修理。仪器出故障后，应找专业维修人员修理或与生产厂家联系，在厂家指定的维修点修理。

⑤玻璃仪器应建立领用、破损登记制度。一般玻璃仪器（如三角瓶、烧杯、吸管等）应当分门别类地放置在专门的实验柜或仪器架上，以免碰破。标准玻璃仪器（如滴定管、量瓶、移液管等）应特别爱护，非特殊需要不能任意挪用。用来比色的比色管或比色杯，严禁用毛刷等硬质洗具洗刷，以免降低玻璃透明度。

3.2.2 建立药品管理使用制度

①化学药品均应放在药品储藏室中，由专人登记保管。储藏室应设在朝北的房间，避免阳光照射使室温过高及试剂见光变质。室内应干燥通风，严禁明火。危险药品应按国家安全部门的规定管理；一般药品均应分类存放在药品柜内。剧毒药品（如氰化钾、三氧化二砷等）必须与普通药品分开，放置在专用保险柜内，每次取用必须有称量记录。

②具有挥发性的药品应存放在通风良好的仓库、冰箱或铁柜内；强酸与氨水应该分开存放；潮解性或易挥发性药品用后应在防火的情况下用石蜡封口；可燃性有机溶剂（如酒精等）应远离火源，不可放在煤气灯、电炉或其他火源附近。

③倒用硝酸、硫酸等腐蚀性强的药品，必须戴上橡皮手套。稀释硫酸时必须仔细缓慢地将硫酸加入水中，而不能将水加入硫酸中。用移液管吸取酸、碱和有害的溶剂，绝不可以直接用口吸取，必须用橡皮球来进行。开启氨水等易挥发药品的试剂瓶时，绝不可使瓶口对着自己或他人的脸部，尤其在夏季，开启时会有大量气体冲出，如不小心，会引起严重事故。

④易燃溶剂加热时，必须在水浴锅中缓慢地进行，禁止用火焰或电炉直接加热。

⑤在取用一些有毒的有机溶剂或实验中会放出氰氢酸、氨气及其他有毒腐蚀性气体时，必须在通风橱内进行操作，必要时可戴上简易防毒面具，以保护人身安全，避免危害健康的事故发生。

⑥实验中产生的混合废液不能直接倒入下水道，必须进行处理，然后才能排放。

3.2.3　实验安全注意事项

①实验室内应保持空气流通，环境清洁，温度和湿度适中。

②分析人员应有严肃认真的工作态度，细心操作，避免粗心大意，禁止在实验室内吸烟、吃东西，养成良好的实验室工作习惯。

③在热力、蒸馏及有关用火、用电等工作过程中，至少要有一人负责管理，以防意外。

④电源总开关应安装坚固的外罩，绝不可用湿手开关电闸。电热设备所用电源的导线应经常检查是否完整无损，以及电热器械是否有合适的垫板。

⑤实验室应放置适量泡沫灭火器、消火砂或其他灭火器材，并定期检查，使其处于正常备用状态。消火砂要经常保持干净，不可有水浸入。

⑥实验室内应设有供一般创伤的外用药品及其他急救药品。

⑦每个工作人员都应该知道实验室内水门、电门的开关位置，以便必要时及时控制。

⑧实验室要建立安全员制度和安全登记本，健全岗位责任制。实验工作结束后，应当对水、电、仪器、药品、门窗等进行全面安全检查，及时排除各种安全隐患，确保安全。

3.2.4　紧急处理措施

①如发生火灾时，应立即切断电源，关闭通风器，移开火区内一切可燃物质。遇丙酮、酒精着火时，应用水灭火；遇乙醚等有机溶剂着火时，用砂灭火；精密仪器着火时，用四氯化碳灭火；电线着火时，应先关总电闸，再用四氯化碳或泡沫灭火器灭火。

②遇碱类化学药品（如氢氧化钾、氧化钙等）烫伤，应立即用大量清水冲洗伤处，然后再用2%的醋酸或硼酸溶液冲洗；遇酸类化学药品（如硫酸、盐酸等）烫伤，先用大量清水冲洗，然后用碳酸氢钠饱和溶液冲洗。

③吸入有毒气体中毒时，应将中毒者迅速移到通风良好的地方，然后根据具体情况实施抢救。

参考文献

[1] 张天喆，董有尔．近代物理实验［M］．北京：科学出版社，2003.
[2] 吴先球，熊予莹．近代物理实验教程［M］．北京：科学出版社，2009.
[3] 刘鹏，梁燕．测量不确定度的评定与表示［J］．宿州学院学报，2008，23（2）：111－112.
[4] 杨旭武．试验误差原理与控制［M］．北京：科学出版社，2009.
[5] 沙定国．误差分析与测量不确定度评定［M］．北京：中国计量出版社，2003.
[6] 刘瑞江，张业旺，等．正交试验设计和分析方法研究［J］．实验技术与管理，2010，27（9）：52－55.

第二篇

水力学实验

基础性实验

实验1　流体静力学实验

【实验目的】

1. 掌握用液式测压计测量流体静压强的技能。

2. 验证不可压缩流体静力学基本方程，加深对位置水头、压强水头和测压管水头的理解。

3. 观察真空度（负压）的产生过程，进一步加深对真空度的理解。

4. 掌握测定油的相对密度的方法。

5. 通过对诸多流体静力学现象的实验分析，进一步提高解决流体静力学实际问题的能力。

【实验原理】

本实验的装置如图2－1所示。

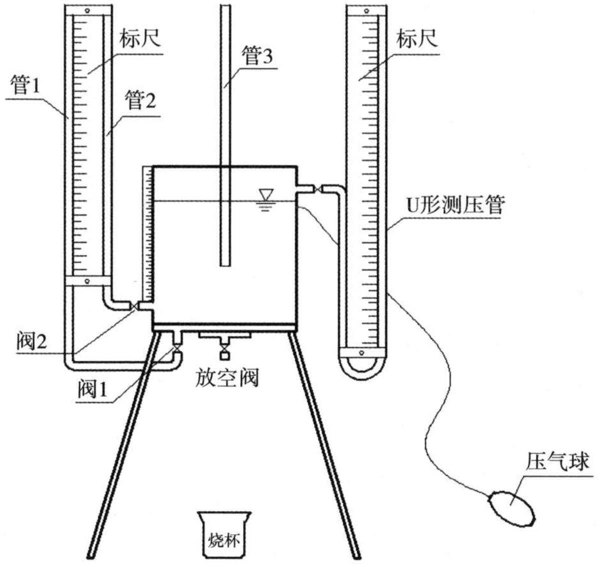

图2－1　流体静力学实验装置

1. 水静力学基本方程。

水静力学基本方程式是水静力学的核心，有两种表达形式：

$$z + \frac{p}{\rho g} = C\text{（常数）} \tag{2-1}$$

或

$$p = p_0 + \rho g h \tag{2-2}$$

式中：z——测点在基准面以上的高度，m；

p——测点的静水压强（用相对压强表示，以下同），Pa；

p_0——水箱中液面的气体压强，Pa；

ρ——液体的密度，kg/m^3；

h——测点的液体深度，m。

g——重力加速度，通常取 $g=9.80\ m/s^2$

2. 测定某种液体的密度 ρ'

在右侧 U 形测压管中加入某种被测液体（一般演示实验可用油），对容器表面加压后，U 形管中液面产生高差 h'，$\rho' g h'$ 表示容器表面压强 p_0。管 2 中的水位和容器中水面的差值 h，乘以蒸馏水的容重 ρg，也表示 p_0，两者应相等，由此即可求得 ρ' 值

$$\rho g h = \rho' g h' \tag{2-3}$$

所以，$\rho' = \rho \frac{h}{h'}$ 为液体密度测量原理。

【实验设备与材料】

1. 流体静力学实验装置 1 套。
2. 200 mL 烧杯 1 个。
3. 去离子水。
4. 油。

【实验内容和步骤】

1. 了解仪器的组成及其用法。

（1）检查各阀门的开关。

（2）加压方法：关闭所有阀门（包括截止阀），然后用打气球充气。

（3）减压方式：开启筒底减压放水阀放水。

（4）检查仪器是否密封：加压后检查测压管的液面高程是否恒定。若下降，则表明漏气，应查明原因并加以处理。

2. 量测点静压强。

验证公式为
$$z + \frac{p}{\rho g} = C$$

（1）打开通气阀（此时 $p_0 = 0$），记录水箱液面标高 ∇_0 和测压管 2 的液面标高 ∇_H（此时 $\nabla_0 = \nabla_H$）。

（2）关闭通气阀及放空阀，用打气球加压使 $p_0 > 0$，测记 ∇_0 及 ∇_H。

（3）打开减压放水阀，使 $p_0 < 0$，测记 ∇_0 及 ∇_H。

将记录的相应 ∇_0 及 ∇_H 值填入表 2－1。

表 2－1　液体压强测量记录及计算表

实验条件	水箱液面 $\nabla_0/10^{-2}$m	测压管 2 液面 $\nabla_H/10^{-2}$m	压强水头/10^{-2}m		测压管水头/10^{-2}m	
			$\frac{p_A}{\rho g} = \nabla_H - \nabla_A$	$\frac{p_B}{\rho g} = \nabla_H - \nabla_B$	$z_A + \frac{p_A}{\rho g}$	$z_B + \frac{p_B}{\rho g}$
$p_0 = 0$						
$p_0 > 0$						
$p_0 < 0$						

3. 测定油的密度 ρ。

在右侧 U 形测压管中加入某种欲测定密度的油，对容器表面加压后，测量管 2 中的水位和容器中水面的差值 h、U 形管中左右液面高差 h'，将 h 和 h' 填入表 2－2，重复 3 次。

表 2－2　油密度测量记录及计算表

次序	管 2 中水位和容器中的水位差 $h/10^{-2}$ m	U 形管内左右液面高差 $h'/10^{-2}$ m	油的密度 $\rho'/(\text{kg} \cdot \text{m}^3)$
1			
2			
3			

【注意事项】

1. 加压和减压过程需缓慢，以防液体溢出及油珠吸附在管壁上。打气后务必关闭加压打气球下端的阀门，以防漏气。

2. 在实验过程中，装置的气密性要保持良好。

【实验数据处理与分析】

1. 根据表 2 - 1 中数据，任意取两点计算相应压强水头和测压管水头。验证公式 $z + \frac{p}{\rho g} = C$。

2. 根据表 2 - 2 中相应的 h 和 h'，由式 $\rho g h = \rho' g h'$ 求得油密度 ρ'。

【思考题】

1. 同一静止液体内的测压管水头线是什么线?

2. 若本实验 U 形管处不附带直尺，试采用另外最简便的方法测定油的密度 ρ'。

3. 如果测压管太细，对测压管液面的读数将有何影响?

4. 对于该实验装置是不是所有水平面均为等压面? 如果不是，哪一部分液体是等压面?

综合性实验

实验 2　恒定流能量方程（伯努利方程）实验

【实验目的】

1. 验证流体恒定总流的能量方程。

2. 通过对水力现象的实验分析研讨，进一步掌握有压管流中水动力学的能量转换特性。

3. 掌握流速、流量、压强等动水力学水力要素的实验量测技能。

【实验原理】

本实验的装置如图 2－2 所示。

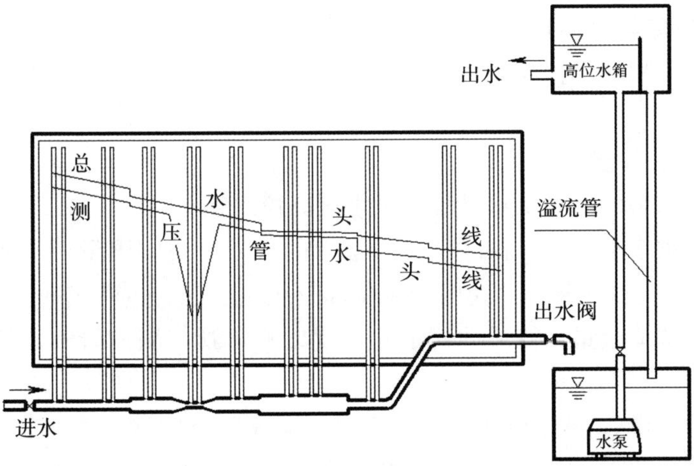

图 2－2　能量方程演示仪装置

在实验管路中沿管内水流方向取 n 个过水断面，可以列出进口断面（1）至另一断面（i）的能量方程式（$i=2,3,\cdots,n$）

$$z_1+\frac{p_1}{\rho g}+\frac{\alpha_1 v_1^2}{2g}=z_i+\frac{p_i}{\rho g}+\frac{\alpha_i v_i^2}{2g}+h_{w1-i} \tag{2-4}$$

取$\alpha_1 = \alpha_2 = \cdots = \alpha_i = 1$，选好基准面，从已设置的各断面的测压管中读出$z + \frac{p}{\rho g}$值，测出通过管路的流量，即可计算出断面平均流速$v$及$\frac{\alpha v^2}{2g}$，从而可得到各断面测压管水头和总水头。过水断面的能量由位能、压能、动能3个部分组成。水流在不同管径、不同高程的管路中流动时，3种能量不断相互转化。在实验管道的断面上，设置测压管及测速管，即可演示出3种能量沿程变化的实际情况。

测压管中水位显示的是位能和压能之和，即能量方程中前两项之和：$z + \frac{p}{\rho g}$，测速管中水位显示的是位能、压能、动能之和，即能量方程中3项之和：$z + \frac{p}{\rho g} + \frac{\alpha v^2}{2g}$。

将测压管中的水位连成一线，称为测压管水头线，可反映势能沿程的变化；将测速管中的水位连成一线，称为总水头线，反映总能量沿程的变化。两线的距离即为流速水头$\frac{v^2}{2g}$。

【实验设备与材料】

1. 能量方程演示仪实验装置1套。

2. 水。

【实验内容和步骤】

1. 开动水泵，启动供水系统，供水至高位水箱。

2. 水箱供水至溢满，排净试验管道内的空气后关闭流量调节阀。调节实验管道阀门，使测压管、测速管中水位和测压板上红、黄两线一致。

3. 逐级调节流量，待流动稳定后，读出测压管与测速管液面读数，记入表2-3中。

4. 实验完毕后，先关闭流量调节阀，检查所有的测压管液面是否平齐；如不平齐表明实验有故障，应排除故障后重新实验。确认无误后，关闭电源，将仪器恢复到实验前状态。

5. 比较均匀流与非均匀流断面的测压管水头值。

6. 分析计算各断面的流速水头、测压管水头与总水头，从而计算沿程水头损失与局部水头损失，并比较突然扩大与缩小的测压管水头与其水头损失。

7. 在均匀流断面上，推求测算断面的流速，将测试与计算结果列于表2-3中。

【注意事项】

1. 实验过程中，应始终保持微小溢流。

2. 当水位和红、黄两线出现不符情况时，有两种可能：一是连接橡皮管中有气泡，可不断用手挤捏橡皮管，使气泡排出；二是测速管测头上挂有杂物，可转动测头利用水流将杂物冲掉。

3. 能量方程演示仪实验台在有机玻璃实验管道的关键部位处应设置测压管及测速管，适当地调节流量，就可以把总水头线和测压管水头线显示于测压板上。

【实验数据处理与分析】

1. 记录有关参数。

d_1 = ________cm，d_2 = ________cm，d_3 = ________cm，d_4 = ______cm，d_5 = ______cm，d_6 = ______cm，d_7 = ______cm，d_8 = ______cm，d_9 = ______cm，d_{10} = ______cm。

2. 进行流量和水头计算，填入表 2 – 3。

表 2 – 3　水头计算表　　单位：cm

测点	位置水头 z	压强水头 $\frac{p}{\rho g}$	流速水头 $\frac{v^2}{2g}$	测压管水头 $z+\frac{p}{\rho g}$	总水头 $z+\frac{p}{\rho g}+\frac{v^2}{2g}$	测压管水头差 ΔH_p	水头损失 $h_w = -\Delta H$
1							
2							
3							
4							
5							
6							
7							
8							
9							
10							

3. 利用表 2 –3 中各点测压管水头和总水头，绘制测压管水头线、总水头线，如图 2 –3 所示。

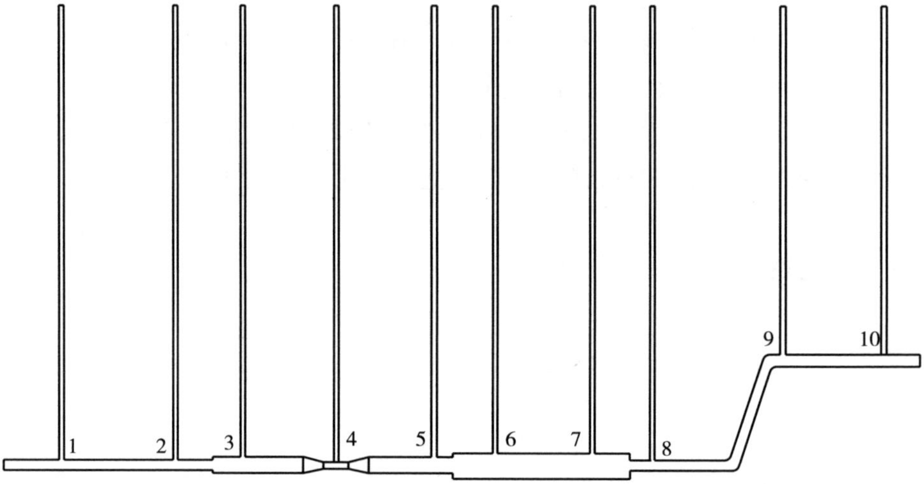

图 2 –3　测压管水头线和总水头线

【思考题】

1. 测压管水头线和总水头线的变化趋势有何不同？为什么？
2. 流量增加，测压管水头线有何变化？为什么？
3. 渐变流断面压强分布遵循什么规律？
4. 试问避免喉管处形成真空有哪几种技术措施？
5. 毕托管所显示的总水头线与实测绘制的总水头线略有差异，试分析其原因。

实验 3　文丘里实验

【实验目的】

1. 率定文丘里流量计的流量系数。

2. 验证能量方程的正确性。

【实验原理】

本实验的装置如图 2－4 所示。

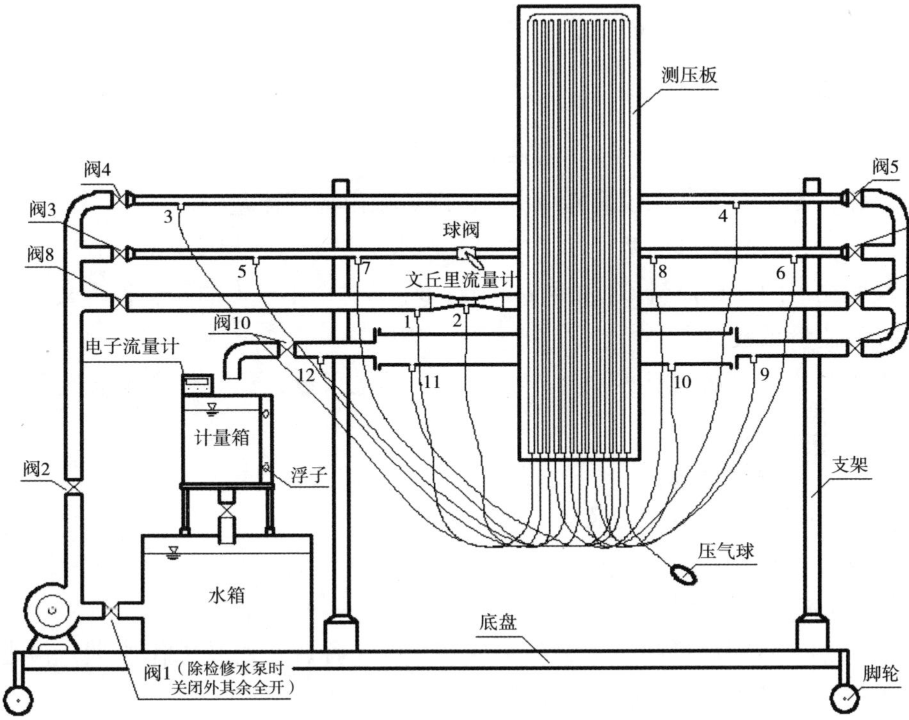

图 2－4　多功能水力学实验台

在文丘里流量计入口处取 1－1 断面，在其喉部收缩段处取 2－2 断面，则可列出上述两断面的能量方程如下（不计水头损失）：

$$\frac{p_1}{\rho g}+\frac{\alpha_1 v_1^2}{2g}=\frac{p_2}{\rho g}+\frac{\alpha_2 v_2^2}{2g} \tag{2-5}$$

根据连续性方程可得

$$A_1v_1 = A_2v_2 = Q \tag{2-6}$$

令 $\alpha_1 = \alpha_2 = 1$，解式（2-5）和式（2-6），可得计算流量的公式如下：

$$Q = \frac{\frac{\pi}{4}d_1^2}{\sqrt{(\frac{d_1}{d_2})^4 - 1}} \times \sqrt{2g\frac{p_1 - p_2}{\rho g}} \tag{2-7}$$

式中：$\frac{p_1 - p_2}{\rho g}$——两断面测压管水头差，即测压计内的液面高差 Δh。

令 $k = \frac{\frac{\pi}{4}d_1^2}{\sqrt{(\frac{d_1}{d_2})^4 - 1}} \times \sqrt{2g}$，式（2-7）可写成

$$Q = k\sqrt{\Delta h} \tag{2-8}$$

因此，测出测压计水位高差 Δh 后，即可求出计算流量 Q。

实际上，因为所取的两个断面之间存在水头损失，所以实际流量 Q_0 恒小于实验所测得的计算流量 Q，如令 $\mu = Q_0/Q$，则这个小于 1 的 μ，称为文丘里流量计的流量系数。

本实验的目的就是用实验的方法，确定流量系数 μ 的具体数值。实际流量 Q_0 用电子流量计测定。

【实验设备与材料】

1. 多功能水力学试验台装置 1 套。

2. 水。

【实验内容和步骤】

1. 对照装置图和说明，了解各组成部分的名称、作用及工作原理，检查水箱水位是否够高，并记录有关常数。

2. 检查测压计液面是否水平（此时 $Q=0$），如果不在同一水平面上，必须将橡皮管内空气排尽，使两测压管的液面处于水平状态，方能进行实验。

3. 关闭测点 3～12 的小阀门。打开阀门 7、8、9、10，关闭阀门 3、4、5、6。阀门 2 为实验阀门，可先调至较小开度。

4. 文丘里流量计收缩断面（测点 2）经常处于负压状态，实验前应将连接的胶管灌满水，才能进行实验，否则会出现往里进气现象。

5. 开泵，此时 1 号、2 号测压管中应出现较小高差。

6. 缓慢开启阀门 2，使压差调到最大（如 2 号测压管中液位降得太低，可关小出水阀门，使液位抬高。如测压计中液位太高，可用压气球加压，压低液位）。

7. 待流量稳定后，记录 1 号、2 号测压管的读数。

8. 用电子流量计测流量。

9. 改变阀门 2 的开度 3 ~ 4 次，重复步骤 7 和步骤 8。

10. 实验完成，打开所有阀门，关闭电源。

【注意事项】

如果出现测压管冒水现象，不必惊慌，可把出水阀门全部打开或停泵重做。

【实验数据处理与分析】

1. 记录有关常数，整理记录数据。

管段管径 d_1 = ____ cm，喉管管径 d_2 = ____cm，水温 t = ____ ℃，文丘里流量计常数：

$$k = \frac{\frac{\pi}{4}d_1^2}{\sqrt{\left(\frac{d_1}{d_2}\right)^4 - 1}} \times \sqrt{2g} = \_\_\_\_\_\_ \ \mathrm{cm^{2.5}/s}$$

2. 将实验记录及计算结果填入表 2 - 4。

表 2 - 4　记录计算数值表

序号	测压管读数		Δh/cm	理论流量 Q/(cm^3/s)	实际流量 Q_0/(cm^3/s)	流量系数 μ
	入口断面 h_1/cm	喉管 h_2/cm				
1						
2						
3						
4						

【思考题】

1. 试验中影响文丘里管流量系数大小的因素有哪些？哪个因素最敏感？

2. 为什么 Q 和 Q_0 不相等？

3. 文丘里管喉颈处容易产生真空，允许最大真空度为 6 ~ 7mH_2O。工程中应用文丘里管时，应检验其最大真空度是否在允许范围内。根据你的实验结果，分析本实验流量计喉颈最大真空值为多少。

实验 4　孔口与管嘴出流实验

【实验目的】

1. 观察孔口、管嘴自由出流的水力现象。

2. 测定孔口、管嘴出流的各项系数：断面收缩系数 ε，流速系数 φ，阻力系数 ζ，流量系数 μ。

【实验原理】

本实验装置如图 2－5 所示。

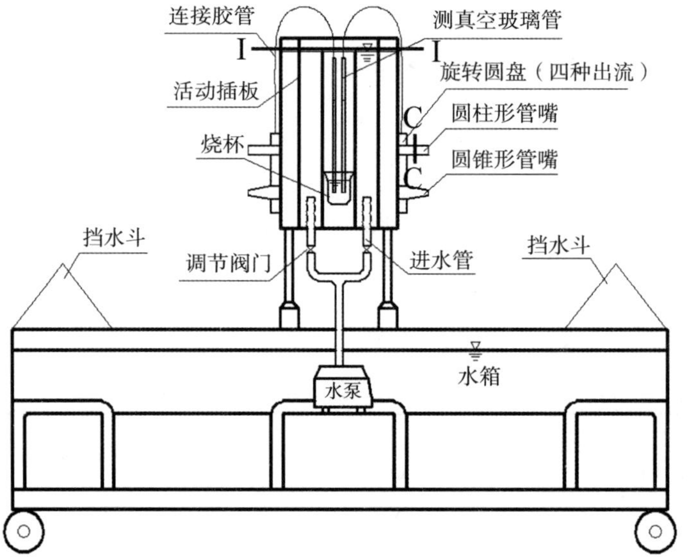

图 2－5　孔口管嘴实验装置

1. 孔口出流。

对水面 O－O，孔口收缩断面 C－C 列能量方程式，得

$$H = (\alpha + \xi_0)\frac{v_c^2}{2g} \tag{2-9}$$

$$v_c = \frac{1}{\sqrt{\alpha + \xi_0}}\sqrt{2gH} = \varphi\sqrt{2gH} \tag{2-10}$$

式中：α——动能修正系数，$\alpha = 1$；

ξ_0——孔口局部阻力系数；

φ——流速系数。

因此，流量的计算公式为

$$Q = A_c v_c = \varepsilon A \cdot \varphi \sqrt{2gH} = \mu A \sqrt{2gH} \tag{2-11}$$

式中：ε——断面收缩系数，$\varepsilon = \frac{A_c}{A}$；

μ——流量系数，$\mu = \varphi\varepsilon$。

2. 管嘴出流。

对水面与管嘴出口断面列能量方程，得

$$H = (\alpha + \xi_n)\frac{v^2}{2g} \tag{2-12}$$

$$v = \frac{1}{\sqrt{\alpha + \xi_n}}\sqrt{2gH} = \varphi_n \sqrt{2gH} \tag{2-13}$$

$$Q = Av = \varphi_n \varepsilon A \sqrt{2gH} = \mu_n A \sqrt{2gH} \tag{2-14}$$

式中：ξ_n——管嘴局部阻力系数；

φ_n——流速系数；

μ_n——流量系数。

根据上述推导，量测作用水头 H，流量 Q，孔口直径及收缩断面直径，便可计算出各项系数。

【实验设备与材料】

1. 孔口管嘴实验装置 1 套。

2. 秒表、塑料桶、电子秤、卷尺。

3. 水。

【实验内容和步骤】

1. 对照装置图和说明，了解各组成部分的名称、作用及工作原理。

2. 各孔口管嘴用橡皮塞塞紧，开动水泵，待水箱水位恒定后，实测作用水头 H 及收缩断面直径。

3. 用体积法实测孔口流量 Q（要求重复测 2 次，且每次测量时间不小于 15s）。

4. 完成孔口出流各项测定后，改换为管嘴出流进行测定。

【注意事项】

1. 实验过程中应保持微小溢流。

2. 改变出流情况，可转动旋转圆盘，为避免水流满地，一般应停泵操作。

3. 本仪器有实测管嘴真空值的装置，但一般达不到理论值（作用水头的 0.75 倍）。

4. 孔口出流的收缩系数，如果不容易量测，在计算中可采用 $\varepsilon = 0.64$。

【实验数据处理与分析】

1. 记录有关常数，整理记录数据。

仪器常数：孔口 d = ________cm。

2. 将实验记录及计算结果填入表 2－5。

表 2－5　记录和计算数值表

类别	次数	水重 G/kg	时间 t/s	流量 Q/(m^3/s)	$\mu = \frac{Q}{A\sqrt{2g\Delta H}}$	ε	φ	$\xi = \frac{1}{\varphi^2} - 1$
孔口	1							
	2							
管嘴	1							
	2							
锥型管嘴	1							
	2							
三角孔口	1							
	2							

【思考题】

比较同一条件下孔口和管嘴出流流量的大小，并分析原因。

设计性实验

实验5　动量方程实验

【实验目的】

1. 通过射流对平板作用力的测定，测得动量修正系数，进而验证恒定流动量方程。

2. 进一步掌握水动力学的动量守恒定律。

【实验原理】

本实验的装置如图2－6所示。

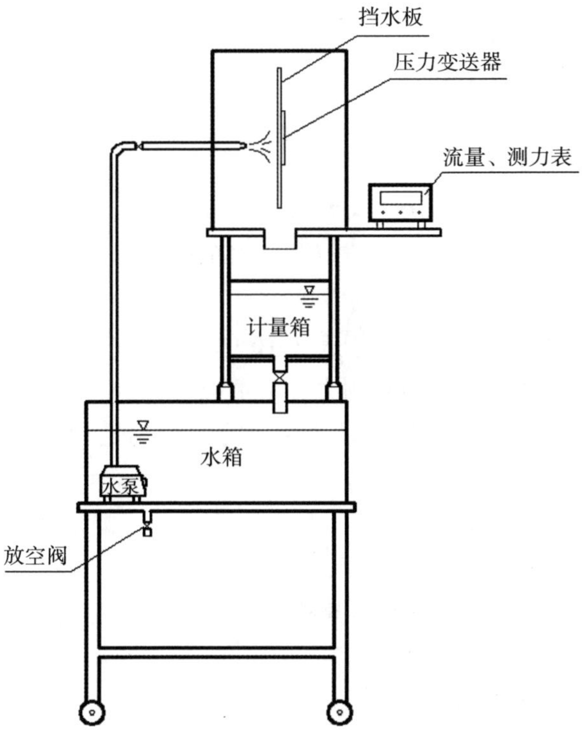

图2－6　动量定律实验装置

恒定总流动量方程为

$$\rho Q(\beta_2 v_2 - \beta_1 v_1) = \sum F \tag{2-15}$$

取喷嘴出口断面、射流表面及沿平板出流的截面为控制面，对 x 轴列动量方程：

$$F_x = \rho Q(0 - \beta_1 v_{1x}) = -\rho Q\beta_1 v_{1x} = F_x \tag{2-16}$$

式中：ρ——流体密度，m^2/s；

Q——流量，m^3/s；

v_{1x}——管嘴断面平均流速，m/s；

β_1——动量修正系数；

F_x——挡板受力 N。

试验中，在平衡状态下，只要测得流量 Q，加上给定的管嘴直径 d 可以求得管嘴断面的平均流速 v_{1x}，由测力计读出挡水板受力值，代入恒定总流动量方程中，即可求得 β_1。

【实验设备与材料】

1. 动量方程实验仪 1 套。
2. 水。

【实验内容和步骤】

1. 熟悉实验设备，并记录有关常数。
2. 开泵，启动供水系统，调节流量，水泵启动 2～3 min 后，关闭 2～3s，利用回水排除离心式水泵内滞留的空气。
3. 利用流量表测流量，记录于表 2-6 中。
4. 在测力表上读出挡板的实测力，记录于表 2-6 中。
5. 改变流量大小，使溢流流量适中，待水位稳定后，按步骤 3、步骤 4 重复进行实验。
6. 实验结束，关闭电源开关。

【注意事项】

数显表零点飘移较大，需要经常校正，在不受力的情况下读数为 0，若不归 0，则要用修表小螺丝刀调零。

【实验数据处理与分析】

1. 记录有关参数，常数。

管嘴内径 d = ________cm，喷嘴断面面积 A = ________m^2。

2. 实验记录与计算值填于表 2－6 中。

表 2－6　记录计算数值表

次数	流量 Q/ (m^3/s)	流速 v/ (m/s)	动量力 F/ N	实测力 F'/ N	β_1
1					
2					
3					

【思考题】

1. v_{2x} 若不为 0，会对实验结果带来什么影响？

2. 实测 β（平均动量修正系数）与公认值（$\beta = 1.02 \sim 1.05$）符合与否？如不符合，试分析原因。

实验6　雷诺实验

【实验目的】

1. 了解流体流动的两种流态，并观察其临界状态及转变过程。

2. 测定上临界雷诺数 Re'和下临界雷诺数 Re。

【实验原理】

本实验的装置如图 2－7 所示。

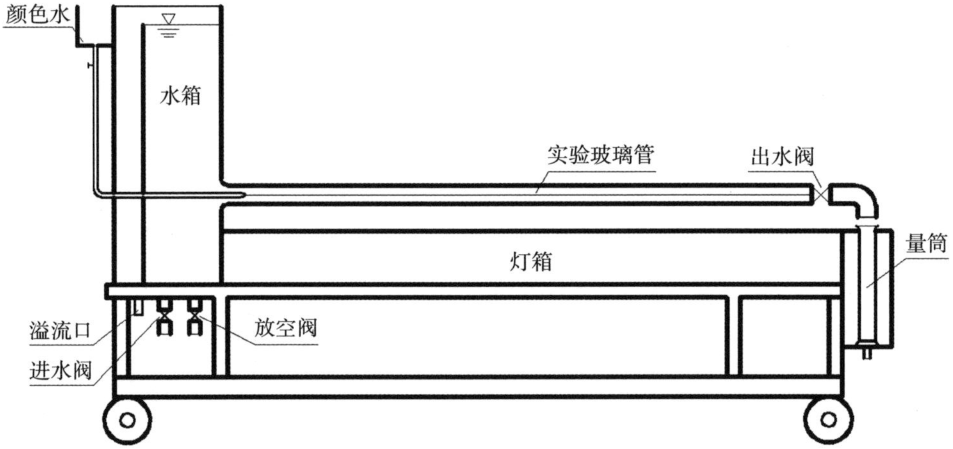

图 2－7　雷诺实验仪

水流流态判别公式为 $Re = \frac{vd}{\nu}$。

式中：d——实验玻璃管内径，cm；

v——平均流速，cm/s；

ν——运动黏滞系数。

逐渐开大出水阀门至颜色水线开始微微颤动，此时为临界状态，量测流量、水温，查表得出运动黏度，即可求出上临界雷诺数 Re'（上临界雷诺数是一个不稳定的数值，一般大于 12 000，甚至更大，因此 Re'没有实际意义），然后将出水阀门继续开大，使颜色水完全混乱，达到湍流状态。再逐渐关小出水阀门，使颜色水恢复成细线，说明水流由湍流转变为层流。量测流量、水温，即可计算出下临界雷诺数 Re。下临界雷诺数是一个相当稳定的数值，约为2 000，工程上大都采用下临界雷诺数作为判别流动形态的标准。

【实验设备与材料】

1. 雷诺实验仪 1 套。

2. 墨水、水。

3. 量筒、秒表。

【实验内容和步骤】

1. 熟悉实验设备，测记本实验的有关常数。

2. 观察两种流态。使水箱充水至溢流水位，待稳定后，微微开启出水阀门，并注入颜色水于实验管内，使颜色水流成一条稳定的直线。通过颜色水质点的运动观察管内水流的层流流态，然后逐步开大调节阀门，通过颜色水直线的变化观察层流转变到湍流的水力特征，待管中完全湍流后，再逐步关小调节阀门，观察由湍流转变为层流的水力特征。

3. 测定上临界雷诺数。将出水阀门逐渐开大至颜色水线开始微微颤动，此时为临界状态，量测流量、水温，查表得出运动黏滞系数，即可求出上临界雷诺数。需要多次测定上临界雷诺数，最终取平均值。

4. 测定下临界雷诺数。

（1）将调节阀门打开，使管中呈完全湍流，再逐步关小调节阀使流量减小。当流量调节到使颜色水在实验管中呈现出一稳定直线时，即为下临界状态；待管中出现临界状态时，测定流量；

（2）根据所测流量计算下临界雷诺数；

（3）按照上述步骤重复测量不少于 3 次，取平均值；

（4）同时用水箱中的温度计测记水温，从而求得水的运动黏度。

【注意事项】

1. 一般实验设备由于进水口、边界条件等不完善，很难达到标准，往往当 Re 超过 1 000 时，水流就进入湍流状态。

2. 每调节阀门一次，均需等待稳定几分钟，并且流量不可开得太大，以免引起水箱中的水体紊动。

3. 测定下临界雷诺数时阀门只可逐次关小，切忌时开时关。

【实验数据处理与分析】

1. 记录有关常数，整理记录数据。

管径 $d=$ ________________cm，水温 $t=$ ________________℃，运动黏度 $\upsilon=$

$$\frac{0.01775}{1+0.0337t+0.000221t^2}=\_\_\_\_\_\_\_\_\_\text{cm}^2/\text{s}。$$

2. 计算临界雷诺数，填于表 2－7 中。

表 2－7　记录计算数值表

类别	次序	颜色水线形态	水体积 V/cm^3	时间 T/s	流量 Q/(cm^3/s)	雷诺数 Re	阀门开度增（↑）或减（↓）	雷诺数平均值
上临界雷诺数	1							
	2							
	3							
下临界雷诺数	1							
	2							
	3							

【思考题】

1. 流态判据为何采用无量纲参数，而不采用临界流速？

2. 为何认为上临界雷诺数无实际意义，而采用下临界雷诺数作为层流与湍流的判据？实测下临界雷诺数为多少？

3. 雷诺实验得出的圆管流动下临界雷诺数与目前有些教科书介绍采用的下临界雷诺数有可能不符，原因何在？

4. 根据实验现象分析和比较层流与湍流的差异。

研究性实验

实验 7　沿程水头损失实验

【实验目的】

1. 测定不同雷诺数 Re 的沿程阻力系数 λ。

2. 掌握沿程阻力系数的测定方法。

【实验原理】

本实验的装置如图 2－8 所示。

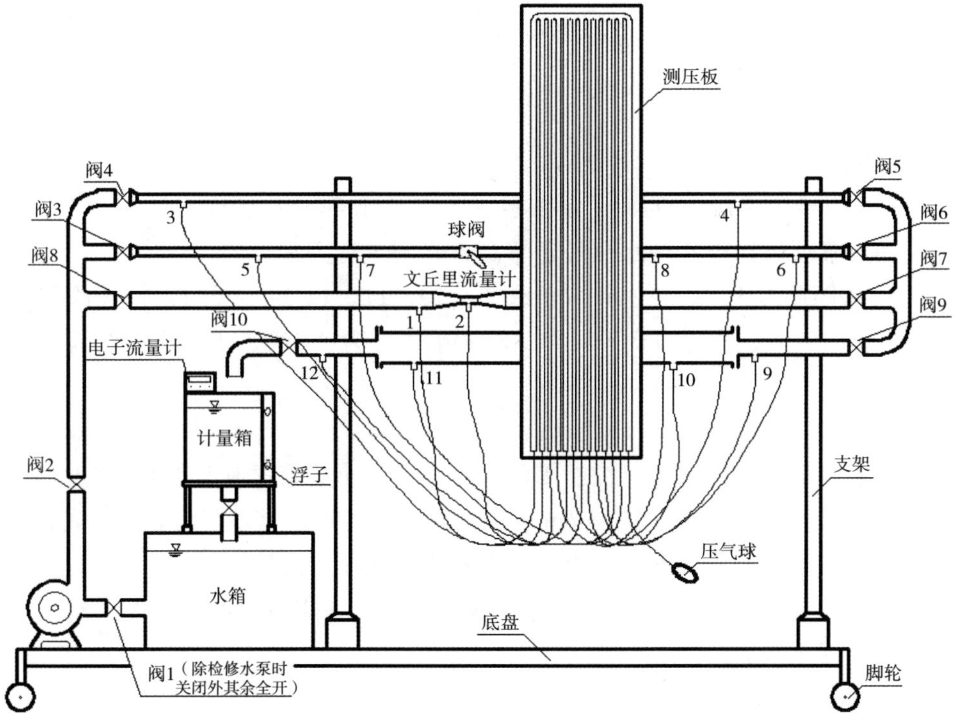

图 2－8　多功能水力学实验台

取 3、4 两断面列能量方程式，可求得长度 L 上的沿程水头损失：

$$h_f = \frac{p_3}{\rho g} - \frac{p_4}{\rho g} = \Delta h \quad (2-17)$$

式中：h_f——沿程水头损失，m；

p_3——断面 3 的压强，Pa；

p_4——断面 4 的压强，Pa；

ρ——流体密度。

根据达西公式，计算沿程阻力 λ：

$$h_f = \lambda \frac{L}{d} \cdot \frac{v^2}{2g} \quad (2-18)$$

式中：h_f——沿程水头损失，m；

λ——沿程阻力系数；

L——两个断面之间的距离；

v——管道中液体流速，m/s。

【实验设备与材料】

1. 多功能水力学实验台 1 套。
2. 水。

【实验内容和步骤】

1. 对照装置图和说明，了解实验装置各组成部分的名称、作用、工作原理及注意事项，检查水箱水位是否够高，并记录有关常数。

2. 关闭测点 1、2、5、6、7、8、9、10、11、12 的小阀门，打开阀门 2、4、5、9、10，关闭阀门 3、6、7、8。阀门 2 为实验阀门，可先调至较小开度。

3. 层流实验。

接通电源，开启水泵，控制阀门 2 的开度，使实验管道 3 和 4 两点出现压差，当压差为 2 cm（夏天）~3 cm（冬天）时，管道内呈现层流状态，待压力稳定后，测量流量、温度、读出测点 3 和 4 的测压管高度。

改变流量 3 ~ 5 次，重复上述步骤。其中第一次实验压差 Δh = 0. 5 ~ 0. 8 cm，逐次增加，使 Δh = 0. 3 ~ 0. 5 cm。

4. 湍流实验。

调节阀门 2 的开度，增大实验管道内流量，待流量稳定之后，测量流量、温度、实验管道两测点测压管高度。

改变流量 3 ~ 5 次，重复上述步骤。其中第一次实验压差 ΔH = 50 ~

100 cm，逐次增加，使 $\Delta h=100\sim150$ cm，直至流量最大。

5. 用电子流量计测量流量。

6. 实验完成，打开所有阀门，关闭电源。

【注意事项】

如出现测压管冒水现象，不必惊慌，可把出水阀门全开或停泵重做。

【实验数据处理与分析】

1. 记录有关常数，整理记录数据。

管径 $d=$________cm，管长 $L=$________cm，水温 $t=$________℃，运动黏度 $v=\dfrac{0.01775}{1+0.0337t+0.000221t^2}=$________$\mathrm{cm^2/s}$。

2. 将实验记录及计算结果填入表 2－8。

表 2－8　记录计算数值表

次序	3 号测压管 h_3（cm）	4 号测压管 h_4（cm）	沿程水头损失 $h_f=h_3-h_4$（cm）	流量 Q（$\mathrm{cm^3/s}$）	流速 v（cm/s）	沿程水头损失系数 λ	雷诺数 Re
1							
2							
3							
4							
5							
6							
7							
8							
9							
10							

3. 绘图分析。

根据实验数据结果在厘米纸上以 $\lg v$ 为横坐标，以 $\lg h_f$ 为纵坐标，绘制所测的 $\lg h_f\sim\lg v$ 关系曲线，根据具体情况连成一段或几段直线，求厘米纸上直线的斜率 $m=\dfrac{\lg h_{f2}-\lg h_{f1}}{\lg v_2-\lg v_1}$。

将从图上求得的 m 值与已知各流区的 m 值（即层流区 $m=1$，光滑管流区

$m = 1.75$，湍流过渡区 $1.75 < m < 2.0$，粗糙管湍流区 $m = 2.0$）进行比较，确定流区。

【思考题】

1. 为什么测压管的水柱差就是沿程水头损失？实验管道安装成向下倾斜，是否影响实验结果？

2. 实际工程中，钢管中流动的大多为湍流的水力光滑区或过渡区，而水电站泄洪洞的流动大多为湍流的阻力平方区，其原因何在？

实验 8　局部水头损失实验

【实验目的】

1. 测定突然扩大和突然缩小的局部阻力系数 ξ，并将理论值和实验值进行比较。

2. 掌握管路中局部水头阻力系数的测定方法。

【实验原理】

本实验的装置如图 2－9 所示。

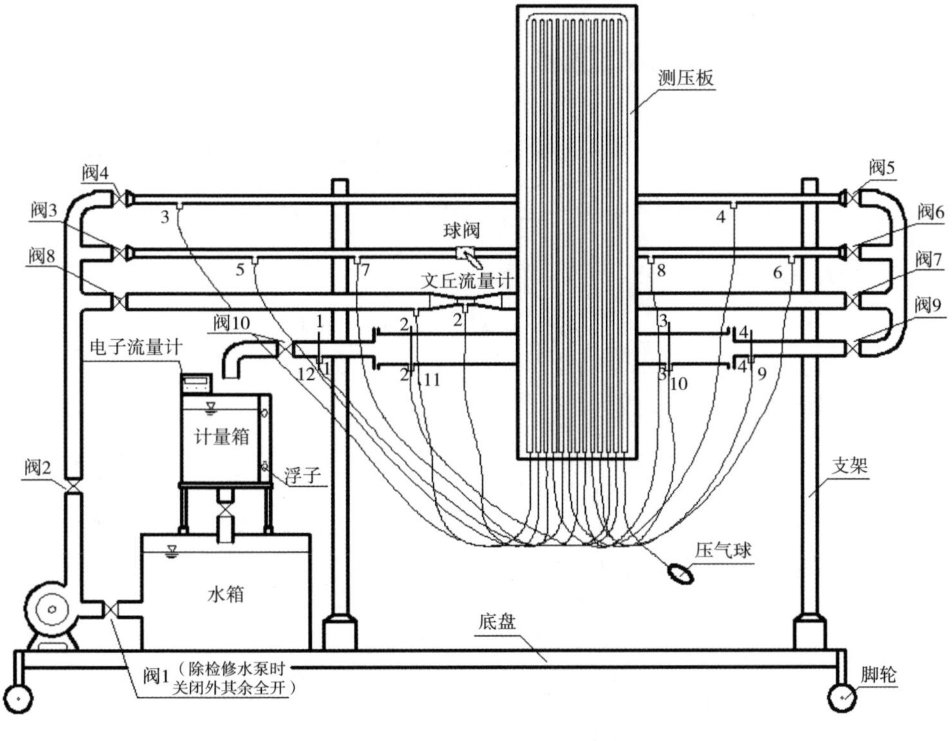

图 2－9　多功能水力学实验台

1. 突然扩大。

在扩大前后取 1－1 及 2－2 断面，可列出上述两个断面的能量方程如下：

$$z_1 + \frac{p_1}{\rho g} + \frac{\alpha_1 v_1^2}{2g} = z_2 + \frac{p_2}{\rho g} + \frac{\alpha_2 v_2^2}{2g} + h_{w1-2} \qquad (2-19)$$

因为 $z_1 = z_2$，所以

$$h_{w1-2} = \left(\frac{p_1}{\rho g} + \frac{\alpha_1 v_1^2}{2g}\right) - \left(\frac{p_2}{\rho g} + \frac{\alpha_2 v_2^2}{2g}\right) \tag{2-20}$$

实测局部水头损失公式为

$$\xi_{实扩} = \frac{h_{w1-2}}{\dfrac{\alpha_2 v_2^2}{2g}} \tag{2-21}$$

理论局部水头损失公式为

$$\xi_{理论} = \left(\frac{A_2}{A_1} - 1\right)^2 \tag{2-22}$$

式中：A_1——管道扩大前断面面积；

A_2——管道扩大后断面面积。

2. 突然缩小。

在缩小前后取 3－3 及 4－4 断面，可列出上述两断面的能量方程如下：

$$z_3 + \frac{p_3}{\rho g} + \frac{\alpha_3 v_3^2}{2g} = z_4 + \frac{p_4}{\rho g} + \frac{\alpha_4 v_4^2}{2g} + h_{w3-4} \tag{2-23}$$

因为 $z_3 = z_4$，所以

$$h_{w3-4} = \left(\frac{p_3}{\rho g} + \frac{\alpha_3 v_3^2}{2g}\right) - \left(\frac{p_4}{\rho g} + \frac{\alpha_4 v_4^2}{2g}\right) \tag{2-24}$$

实测局部水头损失公式为

$$\xi_{实缩} = \frac{h_{w3-4}}{\dfrac{\alpha_4 v_4^2}{2g}} \tag{2-25}$$

理论局部水头损失公式为

$$\xi_{理论} = 0.5\left(1 - \frac{A_4}{A_3}\right) \tag{2-26}$$

式中：A_3——管道缩小前断面面积；

A_4——管道缩小后断面面积。

【实验设备与材料】

1. 多功能水力学实验台 1 套。

2. 水。

【实验内容和步骤】

1. 对照装置图和说明，了解各组成部分的名称、作用、工作原理及注意事项，检查水箱水位是否够高，并记录有关常数。

2. 关闭测点 1、2、3、4、5、6、7、8 的小阀门，打开阀门 2、4、5、9、10，关闭阀门 3、6、7、8。其中阀门 2 为实验阀门，可先调至较小开度。

3. 待流量稳定后，记测压管 9、10、11、12 的读数。

4. 用电子流量计测量流量。

5. 改变阀门 2 的开度 3～4 次，重复步骤 3 和步骤 4。

6. 实验完成，打开所有阀门，关闭电源。

【注意事项】

如出现测压管冒水现象，不必惊慌，可把出水阀门全开或停泵重做。

【实验数据处理与分析】

1. 记录有关常数，整理记录数据。

扩大断面前管段管径 d_1 = ____m，扩大断面后管段管径 d_2 = ____m，缩小断面前管段管径 d_3 = ____m，缩小断面后管段管径 d_4 = ____m。

2. 将实验记录及计算结果填入表 2－9。

表 2－9　记录计算数值表

阻力形式	次数	流量 Q (m^3/s)	前断面		后断面		水头损失 h_w(m)	实测局部水头损失系数 $\xi_{实测}$	理论局部水头损失系数 $\xi_{理论}$
			测压管水头(m)	流速水头(m)	测压管水头(m)	流速水头(m)			
突然扩大	1								
	2								
	3								
	4								
突然缩小	1								
	2								
	3								
	4								

【思考题】

1. 结合实验结果，分析比较突然扩大与突然缩小在相应条件下的局部水头损失大小关系。

2. 结合流动演示仪的水力现象，分析局部水头损失机理何在？产生突然扩大与突然缩小局部水头损失的主要部位在哪里？怎样减小局部水头损失？

实验 9　水面曲线实验

【实验目的】

1. 加深对明槽非均匀流的基本概念（缓流、急流、临界流及其判别；临界水深、临界底坡）的认识。

2. 观察水面曲线及水跃现象。

【实验原理】

本实验的装置如图 2－10 所示。

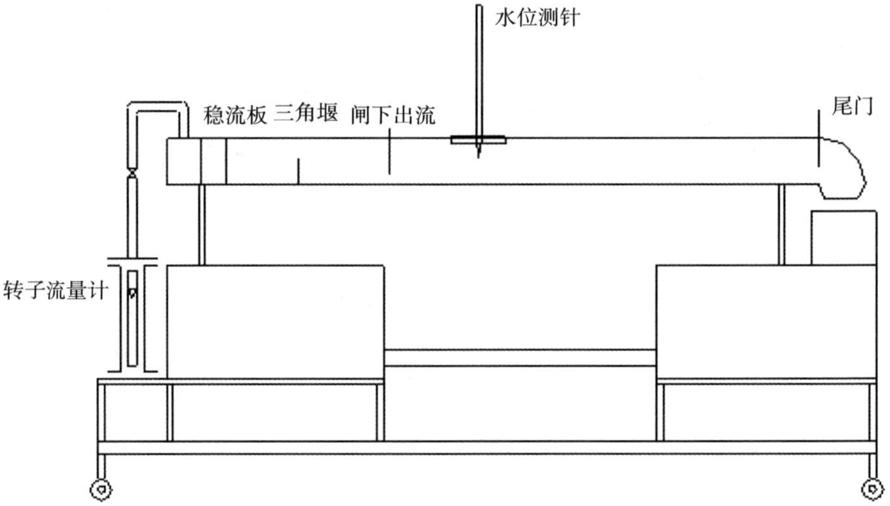

图 2－10　水面曲线实验装置示意图

12 种水面曲线分别产生于 5 种不同的底坡，因而实验时必须先确定底坡性质，即需要测定平坡和临界底坡。平坡可依据升降标尺值或水准泡判定。临界底坡应满足下列关系：

$$i_k = \frac{g\chi_k}{aC_k^2B_k} \tag{2-27}$$

$$\chi_k = B_k + 2h_k \tag{2-28}$$

$$h_k = \left(\frac{aq^2}{g}\right)^{1/3} \tag{2-29}$$

$$C_k = \frac{1}{n}R_k^{1/6} \tag{2-30}$$

$$R_k = \frac{B_k h_k}{B_k + 2h_k} \tag{2-31}$$

式中：χ_k——明槽临界流时的湿周；

C_k——谢才系数；

B_k——槽宽；

h_k——水深；

R_k——水力半径；

n——糙率。

临界底坡确定后，保持流量不变，改变槽底坡就可形成陡坡（$i > i_k$）、缓坡（$0 < i < i_k$）、临界坡（$i = i_k$）、平坡（$i = 0$）和逆坡（$i < 0$），分别在不同坡度下调节闸板开度，即可得到不同型式的水面曲线。

【实验设备与材料】

1. 变底坡活动小水槽实验装置 1 套。

2. 水位测针。

3. 水。

【实验内容和步骤】

1. 了解实验台的组成和操作方法。

2. 打开水槽的前、后闸门，启动水泵，打开进水管阀门向水槽供水。

3. 以所选取的演示流量计算临界水深和临界底坡，作为选取水槽底坡和判别流态的依据。

4. 选择不同的底坡（缓坡、陡坡、临界坡、平坡和逆坡），改变水槽的前、后闸门的开度，以及选择加装实用剖面堰，可演示出不同的水面曲线。如底坡 $i = i_k$，观察槽中临界流的水面曲线，然后插入闸板，观察闸前和闸后出现的 a_3 和 c_3 型水面曲线，并将曲线绘于记录纸上；

如陡坡 $i > i_k$（使底坡尽量陡些），将下游闸板插入，调节开度，使渠道上出现 a_2、b_2、c_2 型水面曲线，绘于记录纸上。

分别使底坡 $0 < i < i_k$（使底坡尽量接近于0）、$i = 0$ 和 $i < 0$，将上游闸板插入，调节开度，使槽中分别出现相应的水面曲线，并绘于记录纸上。

【注意事项】

1. 受水槽长度的限制，水面曲线沿程变化可能不显著，需要对照理论分析，仔细观察。

2. 为便于观察，水槽缓坡的坡度尽量要小，陡坡的坡度要适当加大。

【实验数据处理与分析】

1. 记录有关常数，整理记录数据。

仪器常数：槽宽 B = ________cm；糙率 n = ________；两支点间距 L_0 = ________cm。

2. 计算临界底坡 i_k，填入表 2－10 中。

3. 定性绘出水面曲线并注明线型。

表 2－10 临界底坡计算表

流量 Q (m^3/s)	水深 h_k (m)	面积 A_k (m^2)	湿周 χ_k (m)	水力半径 R_k (m)	谢才系数 C_k ($m^{0.5}/s$)	水面宽 B_k (m)	临界底坡 i_k

【思考题】

1. 判别临界流除了利用临界底坡 i_k 的方法外，还有什么方法？

2. 分析计算水面曲线时，急流和缓流的控制断面应如何选择？为什么？

3. 在进行缓坡或陡坡实验时，为什么要在接近临界底坡情况下，不容易同时出现 3 种水面曲线的流动形式？

第三篇

大气污染控制工程实验

基础性实验

实验 10　粉尘真密度的测定实验

【实验目的】

1. 了解测定粉尘真密度的原理并掌握真空法测定粉尘真密度。
2. 了解引起真密度测量误差的因素及消除方法。

【实验原理】

粉尘的真密度是指将粉尘颗粒表面及其内部的空气排出后测得的粉尘自身的密度。真密度是粉尘的一个基本物理性质，是进行除尘理论计算和除尘器选型的重要参数。

在自然状态下，粉尘颗粒之间存在空隙，有的粉尘尘粒具有微孔，由于吸附作用，尘粒表面被一层空气所包围。在此状态下测量出的粉尘体积，其空气体积占了相当的比例，因而所测体积并不是粉尘本身的真实体积，根据这个体积数值计算出来的密度也不是粉尘的真密度，而是堆积密度。为了排除空气，测量出粉尘的真实体积，可以采用比重瓶液相置换法。

比重瓶液相置换法是将一定质量的粉尘装入比重瓶中，并向瓶中加入液体浸润粉尘，然后抽真空以排除尘粒表面及间隙中的空气，从而求出粉尘的真实体积。根据质量和体积即可算出粉尘的真密度。粉尘真密度测定原理如图 3－1 所示。

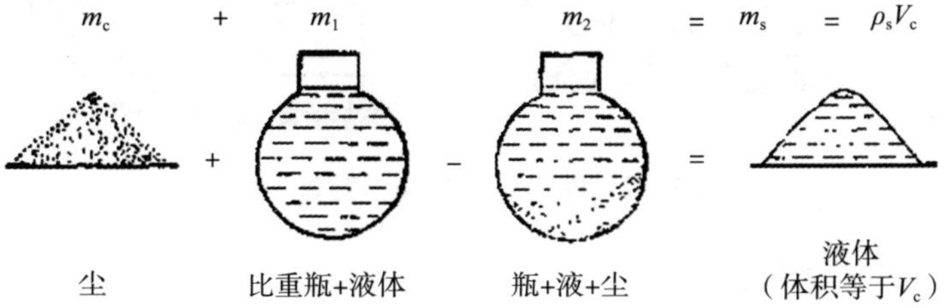

图 3－1　测定粉尘真密度原理示意

若比重瓶质量为 m_0，容积为 V_s，瓶内充满已知密度为 ρ_s 的液体，则总质量 m_1 为

$$m_1 = m_0 + \rho_s V_s \tag{3-1}$$

当瓶内加入质量为 m_c、体积为 V_c 的粉尘试样后，瓶中减少了 V_c 体积的液体，故比重瓶的总质量 m_2 为

$$m_2 = m_0 + \rho_s(V_s - V_c) + m_c \tag{3-2}$$

根据上述两式，可得到粉尘试样真实体积 V_c 为：

$$V_c = \frac{m_1 - m_2 + m_c}{\rho_s} \tag{3-3}$$

所以粉尘试样的真密度 ρ_c 为：

$$\rho_c = \frac{m_c}{V_c} = \frac{m_c\rho_s}{m_1 + m_c - m_2} = \frac{\rho_s m_c}{m_s} \tag{3-4}$$

式中：m_c——粉尘质量，g；

V_c——粉尘真实体积，cm^3；

m_1——比重瓶 + 液体的质量，g；

m_2——比重瓶 + 液体 + 粉尘的质量，g；

m_s——排出液体的质量，g；

ρ_s——液体的密度，g/cm^3；

ρ_c——粉尘的真密度，g/cm^3。

实验用抽真空装置如图 3－2 所示。

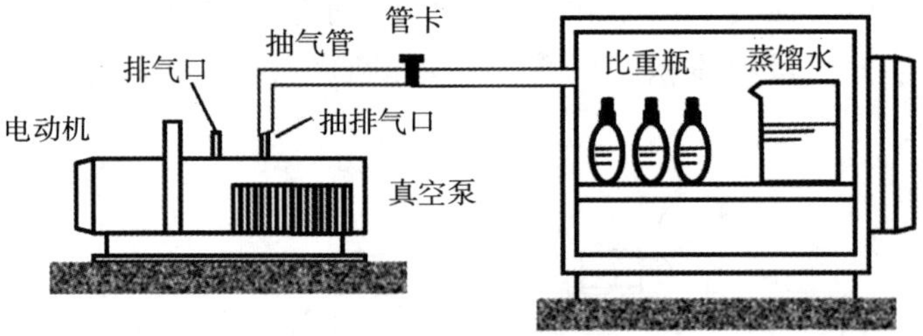

图 3－2　粉尘真密度测定装置示意

【实验设备与材料】

1. 比重瓶。
2. 分析天平。
3. 真空干燥器。

4. 真空泵。

5. 烘箱。

6. 滴管。

7. 烧杯。

8. 滑石粉试样，蒸馏水，滤纸若干。

【实验内容和步骤】

1. 将粉尘试样放入烘箱，在105℃下烘干至恒重，然后放于干燥器中冷却备用。

2. 将比重瓶洗净、编号，然后烘干至恒重，记下其质量（m_0）。

3. 向比重瓶中加入约占比重瓶容积1/3的粉尘试样（约10g），然后盖上瓶塞，放到天平上准确称重（m_3）。m_3减去m_0即为粉尘试样的质量（m_c）。

4. 用滴管向比重瓶内加入蒸馏水至比重瓶容积的一半左右，使粉尘润湿。

5. 比重瓶盖上瓶塞，连同蒸馏水一起放入真空干燥器中，盖好盖子。将真空泵抽气管同干燥器连接，然后启动真空泵。当真空干燥器上的真空表读数达到0.9×10^5 Pa时，拧紧抽气管上的管卡，从真空泵抽气口上拔下抽气管，切断真空泵电源。

6. 经过20 min后，通过放气阀向真空干燥器缓慢进气。待真空表读数回复常压后，打开真空干燥器盖子，取出比重瓶和蒸馏水，将蒸馏水加入比重瓶至标记处，用滤纸仔细擦去瓶外表面的水珠（注意不可将塞孔内的水吸出），然后放到天平上称重（m_2）。

7. 倒空比重瓶，用自来水清洗后，再用蒸馏水冲洗1~2次。向瓶中加注蒸馏水至瓶颈部，然后用滤纸擦干比重瓶表面水珠（注意不可将塞孔内的水吸出），放到天平上称重（m_1）。

【注意事项】

平行做3个样品，要求3个样品的绝对误差不超过±0.2 g/cm³，否则应重新测定。取3个样品的平均值作为粉尘真密度测定的结果，要求精确到0.1 g/cm³。

【实验数据处理与分析】

粉尘真密度测定数据记录见表3－1。

表 3－1　粉尘真密度测定数据记录

比重瓶编号	比重瓶质量 m_0（g）	比重瓶＋粉尘质量 m_3（g）	比重瓶＋水质量 m_1（g）	比重瓶＋水＋粉尘质量 m_2（g）	粉尘真密度 ρ_c（kg/m^3）
1					
2					
3					
平均					

【思考题】

1. 粉尘的真密度在除尘器设计和选择过程中有哪些作用？

2. 粉尘真密度测定的误差主要来源于哪些方面？结合你测定的结果，分析一下产生误差的原因。

实验 11　粉尘粒径分布测定实验

【实验目的】

1. 掌握离心沉降法测定粉尘粒径分布的方法。

2. 了解 CG－1 离心沉降式粒度分布测定仪的构造原理及操作方法。

【实验原理】

根据 Stokes 定律进行粒度分布测定。通过光透法检测出液体的浊度变化，从而测出其粒度分布情况。为了缩短时间，同时采用自然沉降和离心沉降两种方法。其原理如图 3－3 所示。

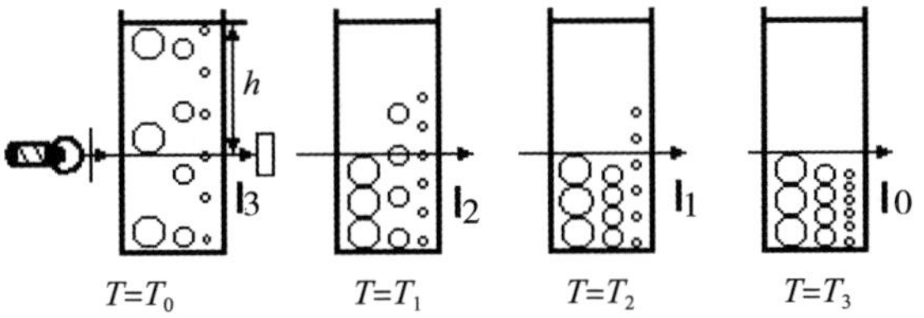

图 3－3　粉尘沉降原理示意图

1. 液相沉降法原理。

液体中颗粒沉降符合 Stokes 定律，此定律可用下式表示：

沉降速度
$$v = \frac{D_p{}^2(\rho_s - \rho_f)g}{18\mu} \tag{3-5}$$

式中：D_p——颗粒直径，cm；

ρ_s——颗粒真密度，g/cm³；

ρ_f——液体真密度，g/cm³；

g——重力加速度，cm/s²；

μ——液体的黏度，Pa · s。

通过此公式可以求出颗粒的沉降速度和直径的关系。在实际应用时可变换式（3－5）的单位后使用。

$$v = 0.03267\frac{\rho_s - \rho_f}{\mu_f}X^2 \tag{3-6}$$

式中：v——沉降速度，mm/min；

μ_f——液态黏度，Pa · s；

X——粒径，μm；

ρ_s——颗粒真密度，g/cm^3；

ρ_f——液体真密度，g/cm^3。

设沉降距离为 h（mm），沉降时间为 T（s）

$$h = vT = 0.032\,67\frac{\rho_s - \rho_f}{\mu_f}X^2 T \tag{3-7}$$

$$T = \frac{\mu_f h}{0.032\,67X^2(\rho_s - \rho_f)} \tag{3-8}$$

2. 光透法原理。

光射到悬浮液时，光的透过量和浓度的关系符合 Lambert—Beer 定律，根据此定律可得

$$\lg I = \lg I_0 - K\int_0^{\infty} n_x X \mathrm{d}x \tag{3-9}$$

式中：K——仪器常数；

n_x——在光路上的直径为 x 的颗粒个数；

I_0——空白时的光透量；

I——光透量。

根据式（3－8）把时间换算成颗粒直径，根据式（3－9）求出在某一时间（T）的光透率的对数，即可算出粒度分布。

3. 离心法原理。

通过式（3－5）、式（3－6）可求出粒度分布，但在式（3－6）中可知沉降速度和颗粒直径的平方成正比，因此，颗粒直径越小，沉降速度越慢，测定的时间就会大大地加长，所以光透法粒度分布测定仪是通过使用离心机，使颗粒强制沉降，以大幅缩短测定时间。

离心时间为

$$T = \frac{18\mu}{(\rho_s - \rho_f)} \times \frac{1}{X^2 W^2} \times \ln\frac{r}{s} \tag{3-10}$$

式中：r——离心机轴心到测试点的距离，如图 3－4 所示；

s——离心机轴心到沉降池液面的距离，如图 3－4 所示；

h——沉降距离，如图 3－4 所示；

W——离心机角速度；

X——粒径。

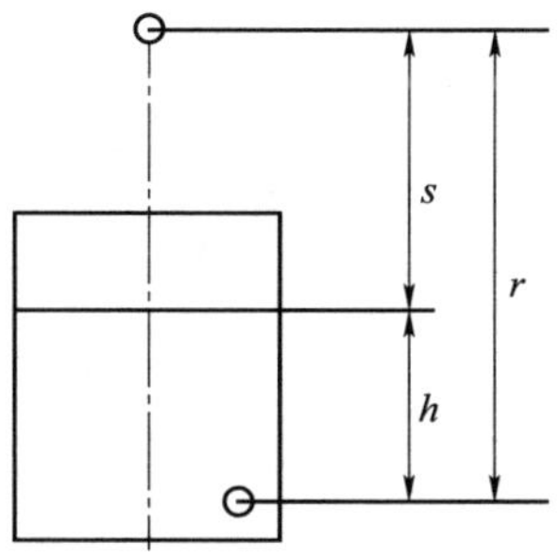

图 3－4　沉降槽示意图

CG－1 离心沉降式粒度分布测定仪包括离心室和控制室两大部分。离心室中主要是离心机和光学系统等；控制室中主要是电器控制和处理部分。仪器外形图及主要部件见图 3－5。

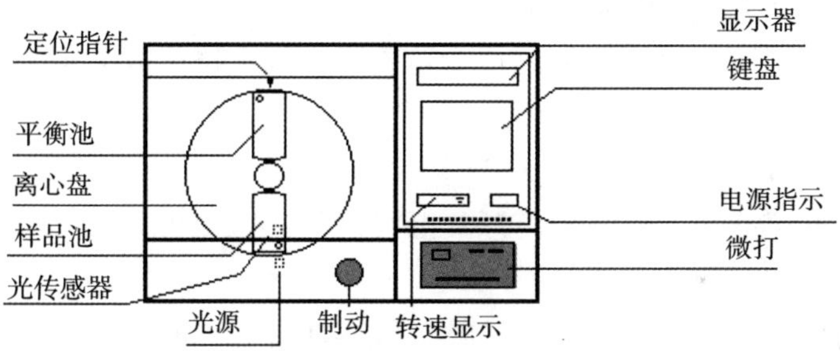

（a）前面板示意图

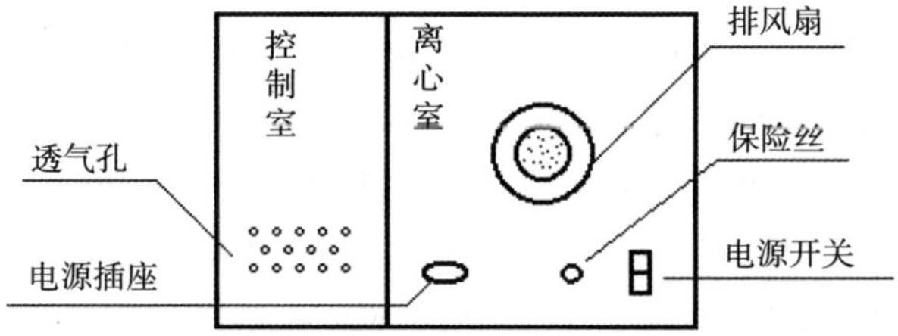

（b）后面板示意图

图 3－5　仪器构造图

【实验设备及材料】

1. 离心沉降式粒度分布测定仪。
2. 电脑。

3. 沉降槽。

4. 烧杯。

5. 温度计。

6. 玻璃棒。

7. 滴管。

8. 超声波清洗器。

9. 六偏磷酸钠（10%）。

10. 二氧化硅粉末。

【实验内容和步骤】

1. 制备悬浮液。

（1）取分析样品（SiO_2粉末）1～2 g，放置于50 ml 烧杯中，加蒸馏水（或其他介质液）搅匀。

（2）加入0.2%分散剂（$(NaPO_3)_6$为2 ml。

（3）置于超声波分散器上超声分散约5 min（超声波分散器频率设定为20～40 kHz）。

2. 测量条件的设定。

（1）打开仪器和电脑电源，打开电源前先检查电源是否正常，接地是否良好。

（2）为保证测试的准确性，仪器应预热20～30 min。

（3）输入测量条件：测样日期、样品号、样品密度、介质密度、介质黏度。

（4）根据待测样品的粗细，操作人员可以任选粒径级数。例如，最大粒径为45 μm，可以选用45 μm、30 μm、20 μm、10 μm、4 μm、2 μm、1 μm、0.5 μm各尺寸粒径，也可选用45 μm（4.5φ）、32 μm（5φ）、16 μm（6φ）、8 μm（7φ）、4 μm（8φ）、2 μm（9φ）、1 μm（10φ）各尺寸粒径，但最多只能选15级。当某粒径需要离心时，必须在输入粒径数后按“离心标志”键，选择转速。

完成以上各步骤，做好初始化条件的预置工作。

3. 空白测定。

（1）取两只清洁的沉降池，各加蒸馏水（或其他介质液）至第一刻度线。注意，刻度线应在弯液面下缘。

（2）把盛有蒸馏水（或其他介质液）的沉降池分别置于离心盘上的两个

沉降池座中，把离心盘上的刻度线对准定位指针，把“制动”旋钮向左转至沉降位置。

（3）按“初始浓度”键，显示器显示空白液的光透电压值（该值应该是最大值）。再按“初始浓度”键，保存该数值。

4. 初始浓度测定。

（1）把“制动”旋钮向右旋至离心位置，取出测定用沉降池，倒出介质液。

（2）把已制备好的悬浮液搅匀后注入沉降池中，加入蒸馏水，调至合适浓度（注意：为保证样品测试精度，在操作时，无论向沉降池中注入悬浮液或从沉降池中倒出悬浮液，都必须在搅匀状态下进行）。

（3）把沉降池中的样品悬浮液调至合适浓度（注意：沉降池的第一刻度线应在弯液面下缘），上下摇均匀后放入沉降池座中，离心盘刻度线对准定位指针，把“制动”旋钮向左旋至沉降位置。按“初始浓度”键，读取数据，并计算初始浓度值。若显示器显示“浓度偏高”或“浓度偏低”，都必须把盛有悬浮液的沉降池取出，用蒸馏水重新调至合适的浓度，再重复上述步骤，直至显示器上出现“PASS”为止。

5. 自然沉降的测定。

在初始浓度测定时，显示器上显示“PASS”，表示透光强度在仪器的规定范围内。取出沉降池，上下轻轻摇动数次，使悬浮液充分混匀后再放入沉降池座中。把“制动”旋钮向左转至自然沉降位置，按“运行”键开始自然沉降测定。各粒径到达其沉降时间时，显示器就会显示该粒径的吸光度。

6. 离心沉降测定。

当自然沉降结束后，蜂鸣器响，这时必须把“制动”旋钮向右旋至离心位置，离心机开始按预定的转速转动，并分别在显示器上显示出各级。

7. 点击“数据分析”，打印结果分析报告。

【注意事项】

1. 当 SiO_2 浓度过高时，电脑会自动提示，则应将溶液稀释。

2. 测量时，配重槽位于上部，有白线标示。

【实验数据处理与分析】

粉尘粒度分布测定记录和报告见表 3－2。

表 3－2　粉尘粒度分布测定记录和报告

测定日期：　　　年　　月　　日

粉尘真密度（g/cm）：

液体密度（g/cm）：

液体黏度（Pa·s）：

试样名称：　　　　　　　　　　　　液面高度（cm）：

测定仪器型号：　　　　　　　　　　测定时温度：　　℃

测定序号	对应粒径 μm 粒度分布（累计质量,%）								
1									
2									
3									
平均值									

【思考题】

1. 影响粉尘自然沉降速度的因素有哪些？分别是如何起作用的？
2. 实验过程中引入离心作用的原因是什么？
3. 影响粉尘离心沉降速率的因素有哪些？
4. 粉尘悬浮液的浓度对实验结果有什么影响？

综合性实验

实验 12　旋风除尘器性能测定实验

【实验目的】

1. 加深对旋风除尘器结构形式和除尘机理的认识。

2. 掌握旋风除尘器主要性能的实验研究方法。

3. 掌握管道内的风量和除尘效率的算法。

【实验原理】

旋风除尘器机理是利用旋转气流所产生的离心力将尘粒从合尘气流中分离出来的除尘装置。旋转气流的绝大部分沿器壁自圆筒体，呈螺旋状由上向下向圆锥体底部运动，形成下降的外旋含尘气流，在强烈旋转过程中所产生的离心力将密度远远大于气体的尘粒甩向器壁，尘粒一旦与器壁接触，便失去惯性力而靠入口速度的动量和自身的重力沿壁面下落进入集灰斗。旋转下降的气流在到达圆锥体底部后. 沿除尘器的轴心部位转而向上，形成上升的内旋气流，并由除尘器的排气管排出。自进气口流入的另一小部分气流，则向旋风除尘器顶盖处流动，然后沿排气管外侧向下流动，当达到排气管下端时，即反转向上随上升的中心气流一同从排气管排出，分散在其中的尘粒也一同被带走。旋风除尘器是利用含尘气体的流动速度，使气流在除尘装置内沿某一定方向做连续旋转运动，粒子在随气流的旋转中获得离心力，导致粒子从气流中分离出来。

旋风除尘器的各个部件（除尘器直径、进气口尺寸、排气管直径等）都有一定的尺寸比例，每一个比例关系的变动都能影响旋风除尘器的效率和压力损失，当超过某一界限时，有利因素也能转化为不利因素。另外，有的因素对于提高除尘效率有利，但却会增加压力损失，因而对各因素的调整必须兼顾。

1. 圆筒体直径和高度。

圆筒体直径是构成旋风除尘器的最基本尺寸。旋转气流的切向速度对粉尘产生的离心力与圆筒体直径成反比，在相同的切线速度下，筒体直径 D 越小，气流的旋转半径越小，粒子受到的离心力越大，尘粒越容易被捕集。因此，应适当选择较小的圆筒体直径，但若圆筒体直径选择过小，器壁与排气管太近，粒子又容易逃逸；筒体直径太小还容易引起堵塞，尤其是对于黏性物料。筒体总高度是指除尘器圆筒体和锥筒体两部分高度之和。增加筒体总高度，可增加气流在除尘器内的旋转圈数，使含尘气流中的粉尘与气流分离的机会增多，但圆筒体总高度增加，外旋流中向心力的径向速度使部分细小粉尘进入内旋流的机会也随之增加，从而又降低除尘效率。因此，圆筒体总高度一般是圆筒体直径的 4 倍为宜。锥筒体部分，由于其半径不断减小，气流的切向速度不断增加，粉尘到达外壁的距离也不断减小，除尘效果比圆筒体部分好。因此，在筒体总高度一定的情况下，适当增加锥筒体部分的高度，有利提高除尘效率，一般圆筒体部分的高度为其直径的 1.5 倍，锥筒体高度为圆筒体直径的 2.5 倍时，可获得较为理想的除尘效率。

2. 排气管直径和深度。

排风管的直径和插入深度对旋风除尘器除尘效率影响较大。排风管直径必须选择一个合适的值，排风管直径减小，可减小内旋流的旋转范围，粉尘不易从排风管排出，有利提高除尘效率，但是出风口速度会因此增加，阻力损失增大；若增大排风管直径，虽阻力损失可明显减小，但由于排风管与圆筒体管壁太近，易形成内、外旋流“短路”现象，使外旋流中部分未被清除的粉尘直接混入排风管中排出，从而降低除尘效率。一般认为排风管直径为圆筒体直径的 0.5~0.6 倍为宜。排风管插入过浅，易造成进风口含尘气流直接进入排风管，影响除尘效率；排风管插入深，易增加气流与管壁的摩擦面，使其阻力损失增大，同时，使排风管与锥筒体底部距离缩短，会增加灰尘二次返混排出的机会。旋风除尘器原理如图 3－6 所示。

【实验设备与材料】

1. 旋风除尘器。
2. 毕托管。
3. 微压计。
4. U 形压差计。

【实验内容和步骤】

1. 检查设备系统外况和全部电气连接线有无异常（如管道设备无破损等），一切正常后开始操作。

2. 点击彩色触摸屏上变频器电源按钮，风机运行，管道中通有一定的风

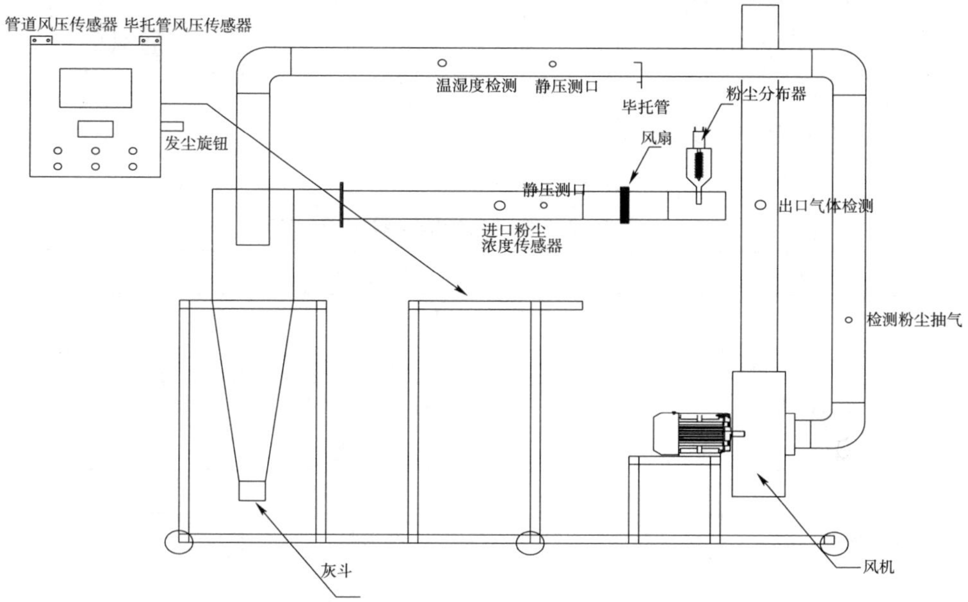

图 3－6　旋风除尘器示意图

量。实验过程中可以调节电箱旁边的变频器（风机变频调速："RUN" 按钮为启动，"STOP" 按钮为停止，"∧" "∨" 键为调高、调低）进行不同风量参数的实验。

3. 将一定量的粉尘加入到自动发尘装置，在彩屏上启动粉尘分布器控制按钮，然后调节发尘调节旋钮，调节发尘装置上搅拌电机的转速控制加灰速率；此时粉尘在风力带动下进入旋风除尘器中进行除尘反应。

4. 读取触摸屏上实验系统自动采集到的粉尘出、入口浓度，风量，风速，风压，除尘效率，环境空气湿度和温度数据；也可点击 "数据打印" 按钮，将数据输出。

5. 实验过程中，可以通过改变风量的大小和粉尘的进入量进行平行实验和梯度实验，经过对数据的处理和分析，得出除尘性能的结论。

6. 实验完毕后依次关闭发尘装置、主风机，待设备内粉尘沉降后，清理卸灰装置。

7. 关闭控制箱主电源。

【注意事项】

1. 必须熟悉仪器的使用方法。

2. 粉尘传感器使用一定时间后，必须定时清洁，以保证其测量精度。

3. 长期不使用时，应将装置内的灰尘清干净，放在干燥、通风的地方。如果再次使用，要先将装置内的灰尘清干净再使用。

【实验数据处理与分析】

旋风除尘器实验记录见表 3－3。

表 3－3　旋风除尘器实验记录

环境温度		环境湿度	
工况 1－1			
风量		风速	
粉尘进口浓度		粉尘出口浓度	
风压		效率	
工况 1－2			
风量		风速	
粉尘进口浓度		粉尘出口浓度	
风压		效率	
工况 1－3			
风量		风速	
粉尘进口浓度		粉尘出口浓度	
风压		效率	
工况 2－1			
风量		风速	
粉尘进口浓度		粉尘出口浓度	
风压		效率	
工况 2－1			
风量		风速	
粉尘进口浓度		粉尘出口浓度	
风压		效率	
工况 2－3			
风量		风速	
粉尘进口浓度		粉尘出口浓度	
风压		效率	

1. 风速计算。

$$P_v = 0.5v^2 \quad (3-11)$$

式中：P_v——风动压，Pa；

ρ——空气密度，数值为 1.205，kg/m^3；

v——风速，m/s。

2. 风量计算。

$$Q = v\ (\pi r^2) \quad (3-12)$$

式中：Q——风量，m^3/h；

v——风速，m/s；

r——管道半径（本实验所用管道内径为 100 mm），mm。

3. 除尘效率计算。

$$\eta = 1 - \rho_1/\rho_2 \quad (3-13)$$

式中：η——除尘效率；

ρ_1——出口粉尘浓度；

ρ_2——入口粉尘浓度。

【思考题】

1. 简述旋风除尘器内气流与颗粒的运动方式。
2. 何谓二次效应，如何有效控制二次效应？
3. 旋风除尘器压力损失的影响因素有哪些？它与除尘效率有什么关系？

实验 13 静电除尘器性能测定实验

【实验目的】

1. 了解静电除尘器地电极配置和供电装置。
2. 观察电晕放电的外观形态。
3. 测定静电除尘器的除尘效率。
4. 管道中各点流速和气体流量的测定。
5. 静电除尘器的压力损失和阻力系数的测定。
6. 测定静电除尘器的风压、风速、电压、电流等对除尘效率的影响。

【实验原理】

静电除尘器是利用静电力（库仑力）将气体中的粉尘或液滴分离出来的除尘设备，也称电除尘器。与其他除尘器相比，静电除尘器显著特点是：几乎对各种粉尘、烟雾等，直至极其微小的颗粒都有很高的除尘效率；即使高温、高压气体也能应用；设备阻力低（100 ~ 300 Pa），耗能少，维护检修简单。

在静电除尘器中，荷电极性不同的尘粉在电场力的作用下分别向不同极性的电极运动。在电晕区和靠近电晕区很近的一部分荷电尘粒与电晕极的极性相反，沉积在电晕极上。电晕区范围小，捕集数量也小。而电晕外区的尘粒，绝大部分带有与电晕极极性相同的电荷，所以，当这些荷电尘粒接近收尘极表面时，在极板上沉积而被捕集。尘粒的捕集与许多因素有关，如尘粒的比电阻、介电常数和密度，气体的流速、温度，电场的伏—安特性，以及收尘极的表面状态等。

电除尘器的除尘效率 η（%）均可按下式计算：

$$\eta = 1 - \frac{C_1}{C_2} \tag{3-14}$$

式中：C_1——电除尘器出口烟气含尘浓度，g/m^3；

C_2——电除尘器入口烟气含尘浓度，g/m^3。

随着除尘器的运行工作，电晕极和收尘极上会有粉尘颗粒沉积，粉尘层厚度为几毫米，粉尘颗粒沉积在电晕极上会影响电晕电流的大小和均匀性。收尘极板上粉尘层较厚时会导致火花电压降低，电晕电流减小。为了保持静电除尘器连续运行，应及时清除沉积的粉尘。本实验设备为干式静电除尘器，使用的清灰方式为机械撞击，振打强度一般都在现场调试中进行。

【实验设备与材料】

静电除尘器实验装置见图 3－7。

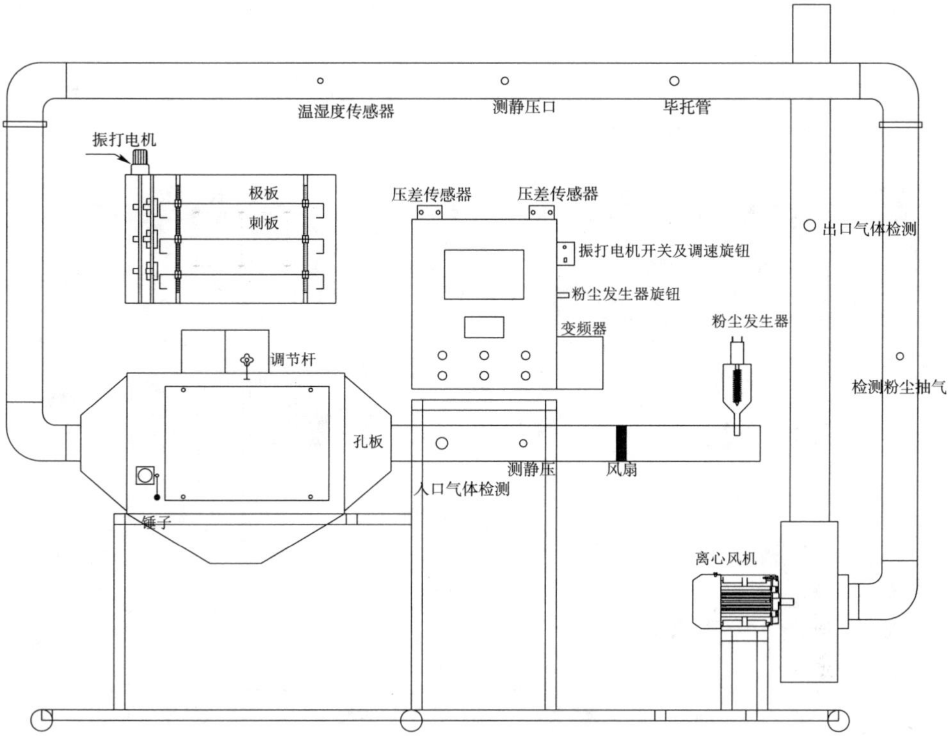

图 3－7　静电除尘器示意图

【实验内容和步骤】

1. 首先检查设备系统外况和全部电气连接线有无异常（如管道设备无破损等），一切正常后开始操作。

2. 将设备连接电源，按下电控箱上的启动按钮，点击彩屏界面进行实验操作。

3. 通过调节杆调节电极板位置到一定距离，打开高压直流电源的开关，将电压调节旋钮开到最小，随后按下启动按钮，开始进行实验，实验过程中可缓慢调节电压调节旋钮，直到看到电晕现象即可，静电除尘的工作原理即是含有粉尘颗粒的气体，在接有高压直流电源的阴极线（又称电晕极）和接地的阳极板之间所形成的高压电场通过时，由于阴极发生电晕放电、气体被电离，此时，带负电的气体离子在电场力的作用下向阳极板运动，在运动中与粉尘颗粒相碰，则使尘粒荷以负电，荷电后的尘粒在电场力的作用下，也向阳极运动，到达阳极后，放出所带的电子，尘粒则沉积于阳极板上，而得到净化的气体排出。当极板发生击穿时（即电流、电压示数都归零），需要将电压调节旋钮旋到零处，再重新按下启动按钮，再次调节电压进行实验。在实验过程中，可以设计不同的电压参数和不同的电极板距离参数进行实验，从而得出除尘效率最高的电压参数和距离参数。触摸屏指示界面显示见图 3－8。

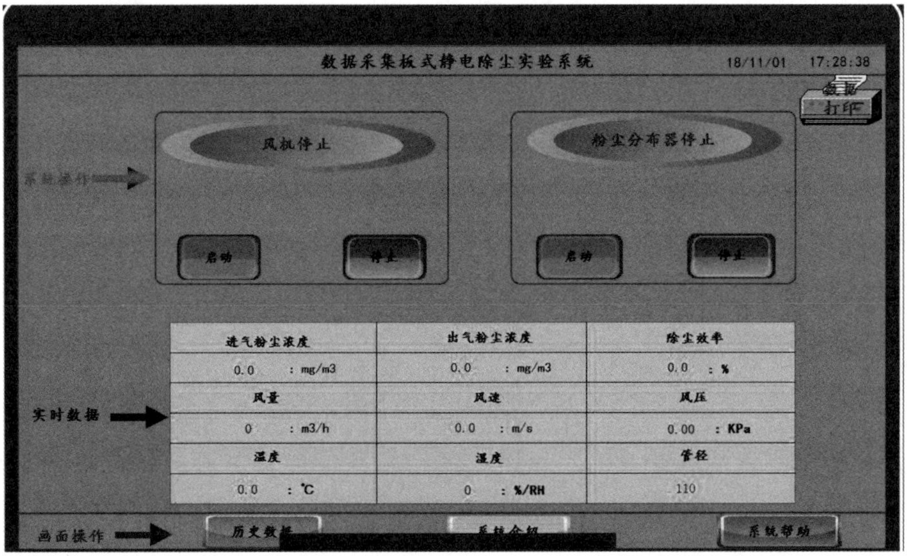

图 3－8　触摸屏指示界面

4. 通过变频器调节风量，然后启动彩色触摸屏上的风机开关，风机运行，管道中通有一定的风量。实验过程中可以调节变频器改变风量（风机变频调速："RUN" 按钮为启动，"STOP" 按钮为停止，"∧""∨" 键为调高、调低），进行不同风量参数的实验。

5. 将一定量的粉尘加入到粉尘发生器中，在彩屏上启动粉尘分布器按钮，然后调节粉尘发生器旋钮，从而控制加灰速率；此时粉尘在风力带动下进入板式静电除尘器中进行除尘反应。

6. 读取触摸屏上实验系统自动采集到的风量、风速、风压、除尘效率、粉尘出、入口浓度、环境空气湿度和温度数据；也可启动打印开关，将数据输出。

7. 调节变频器调节风量大小、粉尘发生器旋钮、电极板位置调节杆进行不同处理气体量、不同发尘浓度和不同电极板间距下的实验。

8. 在实验中，要不定期地进行对电极板上粉尘的清理工作，防止因粉尘积累过多而影响实验结果，清灰过程中，先关闭粉尘发生器旋钮、主风机和高压电源，打开振动电机开关，调节振打电机速率旋钮，振打电机运行，带动振打锤子进行对电极板的振打，从而使粉尘掉落到灰斗内。清灰过程结束后，清理卸灰装置。

9. 实验结束后，关闭控制箱主电源。

【注意事项】

1. 实验前准备就绪后，经指导教师检查后才能启动高压。
2. 设备启动后，电压需先调至零位，才能重新启动。
3. 实验进行时，严禁触摸高压区。
4. 粉尘传感器使用一定时间后，必须定时清洁，以保证其测量精度。

【实验数据处理与分析】

静电除尘器实验记录见表3－4。

表3－4　静电除尘器实验记录表

环境温度		环境湿度	
工况1－1			
风量		风速	
粉尘入口浓度		粉尘出口浓度	
风压		除尘效率	
工况1－2			
电压			
风量		风速	
粉尘入口浓度		粉尘出口浓度	
风压		效率	
工况1－3			
电压			
风量		风速	
粉尘入口浓度		粉尘出口浓度	

续表

环境温度		环境湿度	
风压		效率	
工况 2－1			
电压			
风量		风速	
粉尘入口浓度		粉尘出口浓度	
风压		效率	
工况 2－2			
电压			
风量		风速	
粉尘入口浓度		粉尘出口浓度	
风压		效率	

【思考题】

1. 静电除尘器的原理是什么？
2. 什么是反电晕现象，如何解决？

研究性实验

实验 14 大气环境检测与治理技术实践平台

【实验目的】

考核学生对旋风除尘技术、布袋除尘技术、烟气脱硫技术、活性炭吸附技术、烟道及烟囱的取样检测技术、污染因子在线监测技术等主要技术的应用。

【实验原理】

1. 旋风除尘器原理。当粉尘由离心风机进入旋风除尘器内，会沿壁由上而下做旋转运动。粉尘颗粒也因此受离心力的作用从气流中分离出来，再受重力作用沿壁落入灰斗，而气体会沿排出管旋转向上从排出管排出。

2. 布袋除尘器原理。含尘气体从风口进入灰斗后，一部分较粗尘粒和凝聚的尘团由于惯性作用直接落下，起到预收尘的作用。进入灰斗的气流折转向上涌入箱体，当通过内部装有金属骨架的滤袋时，粉尘被阻留在滤袋的外表面。净化后的气体进入滤袋上部的清洁室汇集到出风管排出。

3. 烟气脱硫技术原理。本实验采用钠碱法脱硫工艺。当烟气经换热降温至小于等于 200 ℃时，经烟道从塔底进入脱硫塔。脱硫塔内布置若干层数十支喷嘴会喷出细微液滴雾化并均布于脱硫塔溶积内，烟气与喷淋脱硫液进行充分气液混合接触，使烟气中 SO_2 和灰尘被脱硫液（NaOH 和 Na_2CO_3）充分吸收、反应生成 Na_2SO_3，对 SO_2 起主要吸收作用的是 Na_2SO_3。随着碱液的消耗，碱液浓度逐渐下降，需不断添加碱液，使 $NaHSO_3$ 重新转化为 Na_2SO_3，增加溶液的吸收能力。Na_2SO_3 被空气中的 O_2 氧化，最终生成 Na_2SO_4。

4. 活性炭吸附技术原理。活性炭吸附装置主要由活性炭层和承托层组成。活性炭使用一段时间后，吸附了大量的吸附质并逐步趋向饱和，丧失了工作能力，严重时将穿透滤层，因此应进行活性炭的再生或更换。承托层的主要作用是防止活性炭从设备中流失，在出水及反冲洗时起到一定的均匀布水作用。工艺流程原理见图 3－9。

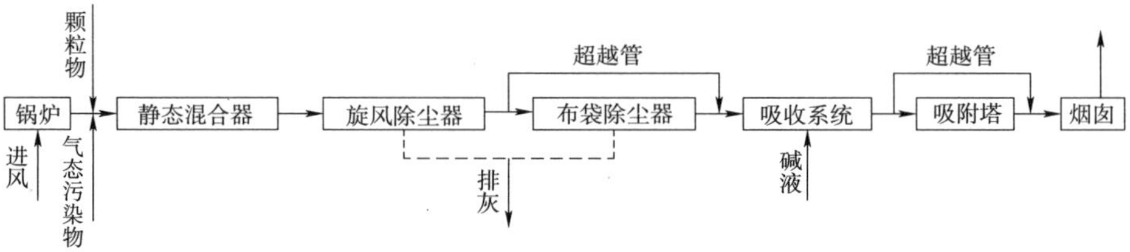

图 3－9　工艺流程示意图

【实验设备与材料】

实验装置见图 3－10。

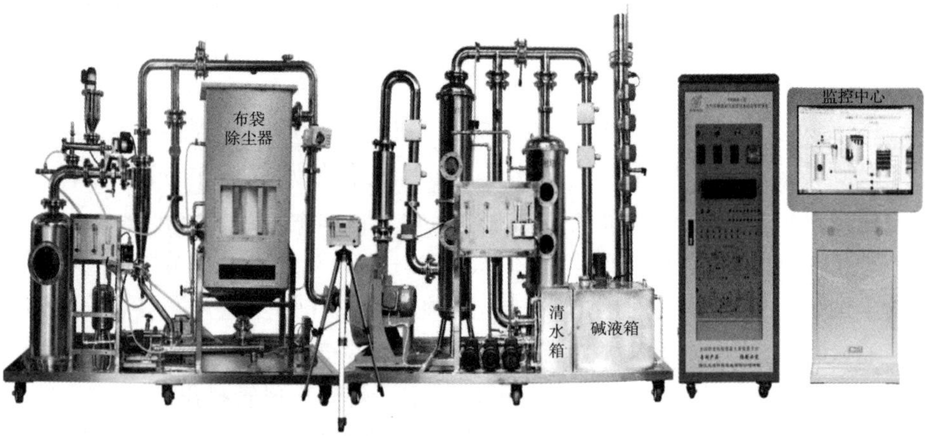

图 3－10　实验装置示意图

【实验内容和步骤】

大气环境监测与治理技术实践平台的系统运行方式分为手动运行和自动运行两种模式。

1. 手动运行模式。

手动运行模式是指在调试界面人为地按动各设备的开关键，以此来控制系统的启停，主要指器件检查、药剂配置、参数设定、仪表标定等在试运行阶段进行的操作。其规范的操作步骤如下：

(1) 系统启动。

①检查熔断芯、输入电压、二次电压与对地电压。

②根据控制系统 I/O 表连接导线，确保所有连线正确。

③检查所有阀门，包括手动阀、电磁阀、调节阀（手/自动测试）、面板流量计，要求开关灵活，状态正确。

④清水箱与碱液箱中加入足量自来水。

⑤接通电源，预热 15 min 后，查看质量流量控制器流量显示，若不归 0，将质量流量控制器进行调零处理。

⑥确保仪表、在线传感器正确安装且能正常工作（pH 仪标定与设置、差压传感器调零、调速器参数设定、变频器参数设定）。

⑦检查所有设备，包括风机（正反转测试）、水泵（排气阀排气）、搅拌机（转向确定）、振动机、燃烧器正常工作，点动验证状态。

⑧检测液位，开启药剂搅拌，配置所需碱液。设置 pH 低点报警为 7，水位报警值 180 mm。

⑨在发料斗中加入 400 目的滑石粉，作为煤粉和飞灰。

⑩打开气钢瓶瓶阀，调节减压阀，使得减压后的压力为 0.05 MPa。

⑪开启连通阀门与喷淋泵，进行碱液循环，并将喷淋泵的流量控制在 3 L/min。

⑫启动引风机，通过变频器或调节阀，控制出口流量为 100 m/h。

⑬打开红灯，进行模拟燃烧。

⑭开启补气泵，调节稀释风流量为 3 m^3/h，调节氧化风流量为 0 m^3/h。

⑮打开发尘器，控制输送速度为 10 r/min。

⑯打开疏松器，控制搅拌速度为 5 r/min。

⑰打开输送器，控制输送速度为 30 r/min。

⑱设置 SO_2 流量为 50 mL/min。

（2）系统停止。

①关闭红灯，熄灭炉火。

②设置 SO_2：流量为 0 mL/min，拧松减压网的调节旋钮，关闭气钢瓶瓶阀。

③关闭疏松器和发尘器，并使之停止发尘。

④关闭补气泵与风机，停止系统送风。

2. 自动运行模式。

自动运行模式是指系统按照程序设定自主地进行运作，不受人为控制的运行方式。自动运行模式应在手动调试确认无误后方可进行。其自动控制流程如图 3－11 所示。

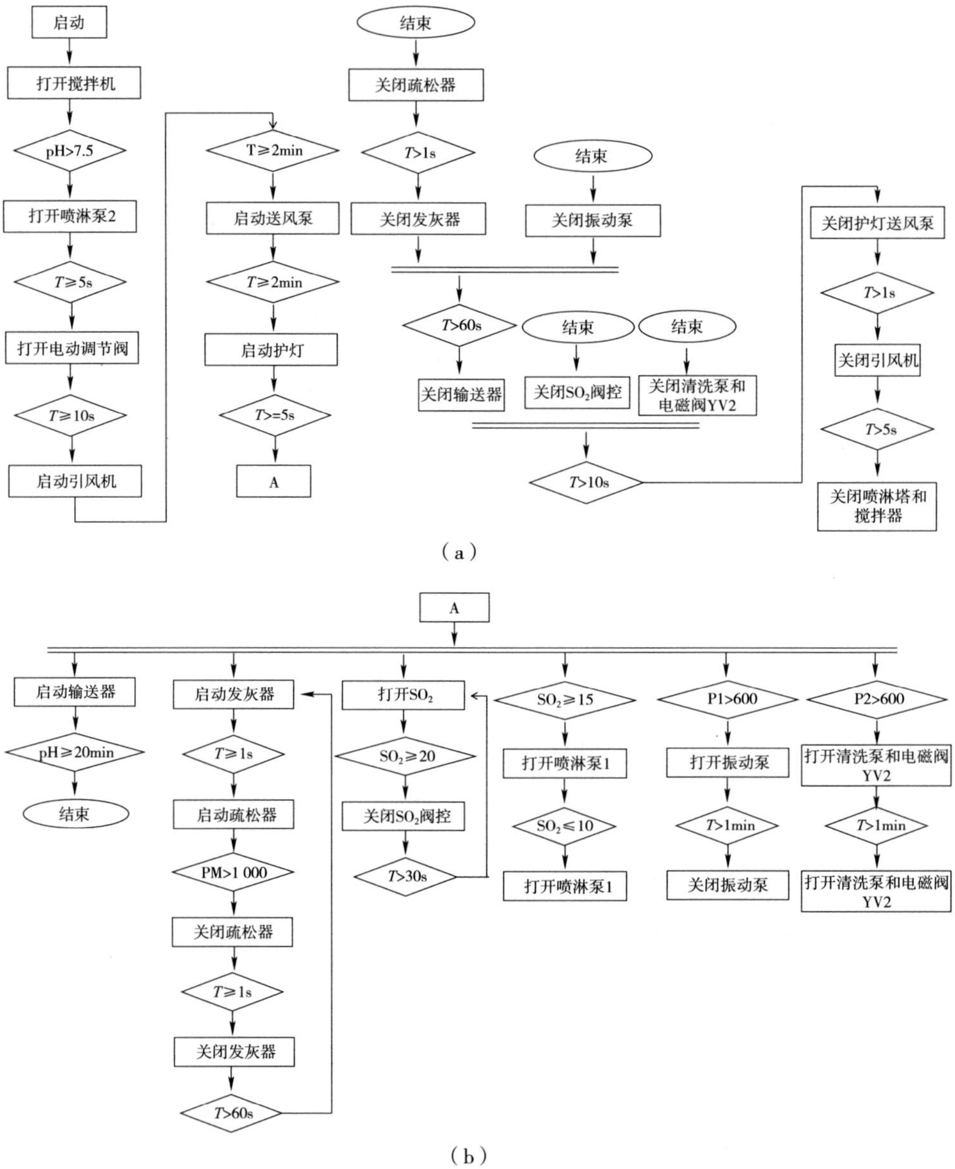

图 3-11　自动控制流程

【注意事项】

1. 设备使用时，环境必须符合工作条件（输入电压：三相交流 380 V + 10%，50 Hz；工作环境：环境温度范围为 0 ~ 40 ℃，相对湿度 < 85%）。

2. 设备应存放于空间开阔、水电便利、采光通风良好的室内场所。

3. 操作人员必须经过培训指导，具有一定专业知识和技能水平。

4. 穿戴劳保用品，加强安全防范和自我保护意识。

5. 严格按照安装──→调试──→运行的顺序进行操作。

6. 注意 SO_2 气钢瓶的操作规范，避免因输出压过大，造成气体跑漏现象。

7. 长期不使用应及时清净整顿并定期活动阀门，防止设备老化。

8. 设备长期不运行，应将 pH 电极取下，妥善保管，保证头部玻璃球的湿润。

9. 非专业技术员，请勿对实训平台进行维修。

【实验数据处理与分析】

烟气参数测定与计算

1. 温度。

温度的测定，在一般情况下可只测定中心点温度。本系统配置的测温仪器为铂热电阻和温湿度传感器。

2. 压力。

本系统提供的压力检测方式有两种，一种是借由压力传感器直接测量，另一种是用连接微差压传感器的皮托管进行测量。

3. 压差。

两点之间的压力降采用微差压传感器来测量。使用前，应先用小一字螺丝刀校正一下零点，保证在无压差环境下仪表数值为 0 Pa。

4. 湿度（含湿量）。

烟气湿度的测定可采用干湿球法或冷凝法。其中干湿球法所用仪器为干湿球温度测量装置（注意：本系统配置的温湿度传感器所测湿度为相对湿度，与含湿量不同）。

烟气含湿量的体积按式（3－15）计算

$$X_{sw}(\%) = \frac{P_{bv} - C(t_c - t_b)(B_a + P_b)}{B_a + P_s} \times 100 \tag{3-15}$$

式中：X_{sw}——烟气含湿量，%；

P_{bv}——温度为 t_b 时饱和水蒸气压力，Pa；

t_c——干球温度，℃；

t_b——湿球温度，℃；

P_b——通过湿球表面时的烟气表压力，Pa；

P_s——测定点烟气静压，Pa；

C——系数，当流过湿球表面的气流速度大于 2.5 m/s 时，C 等于 0.00006；

B_a——大气压力，Pa。

5. 烟尘浓度。

（1）等速采样的流量计算。

$$Q'_r = 0.00047 \times d^2 \times V_s \times \left(\frac{B_a + P_s}{273 + t_s}\right) \times \left[\frac{M_{sd}(273 + t_r)}{B_a + P_r}\right]^{1/2} (1 - X_{sw}) \quad (3-16)$$

式中：Q'_r——等速采样流量的转子流量计读数，L/min；

d——采样嘴直径，mm；

V_s——测点气体流速，m/s；

B_a——大气压力，Pa；

P_s——排气静压，Pa；

P_r——转子流量计前气体压力，Pa；

t_s——排气温度，℃；

t_r——转子流量计前气体温度，℃；

M_{sd}——干排气的分子量，kg/kmol；

X_{sw}——烟气含湿量，%。

当干排气成分和空气近似时，等速采样流量 Q'_r 按式（3-17）计算：

$$Q'_r = 0.0025d^2 \times V_s \times \left(\frac{B_a + P_s}{273 + t_s}\right) \times \left[\frac{273 + t_r}{B_a + P_r}\right]^{1/2} (1 - X_{sw}) \quad (3-17)$$

当用普通型采样管采样器测定常温下管道颗粒物浓度时，气体的含湿量和气体成分可忽路不测，等速采样流量按下式简化公式计算：

$$Q'_r = 0.047 \times V_s \times d^2 \quad (3-18)$$

（2）将工况流量换算成标况流量，其计算公式为

$$Q_r = 0.05 \times Q'_r \times \left[\frac{B_a + P_r}{273 + t_r}\right]^{1/2} = 0.000127d^2 \times V_s \times (1 - X_{sw}) \times \frac{B_a + P_s}{273 + t_s} \quad (3-19)$$

式中：Q_r——等速采样流量的标况流量，L/min；

Q'_r——等速采样流量的转子流量计读数，L/min；

d——采样嘴直径，mm；

V_s——测点气体流速，m/s；

B_a——大气压力，Pa；

P_s——排气静压，Pa；

P_r——转子流量计前气体压力，Pa；

t_s——排气温度，℃；

t_r——转子流量计前气体温度，℃；

X_{sw}——烟气含湿量，%。

（3）采样滤筒的增重 $m=g_2-g_1$（mg），则烟尘浓度为：

$$C = 1\ 000 \times \frac{g_2 - g_1}{\tau Q_r} \tag{3-20}$$

式中：C——实测烟尘浓度，mg/m^3；

g_2——滤筒采样后重量，mg；

g_1——滤筒采样前重量，mg；

τ——采样时间，min；

Q_r——等速采样流量的标况流量，L/min。

6. 烟气成分测定。

（1）各烟气成分的含量采用在线式气体传感器测定。由于部分传感器测定的数值为气体体积浓度，需转化为质量浓度，按式（3-21）计算

$$X = \frac{M}{22.4} \times C \times \frac{273}{273+T} \times \frac{B_a}{101\ 325} \tag{3-21}$$

式中：X——污染物的质量浓度，mg/m^3；

M——污染物的分子量；

C——污染物的体积浓度，ppm；

B_a——大气压力，Pa；

T——排气温度，℃。

（2）烟气过量空气系数的简化计算式为：

$$\alpha = \frac{21}{21 - V_{O_2}} \tag{3-22}$$

式中：α——过量空气系数：

V_{O_2}——氧气在烟气中所占的体积百分数。

（3）标准状态下湿烟气密度的计算：

$$\rho_{\mathrm{N}} = \frac{1}{22.4}[(M_{O_2}V_{O_2} + M_{CO}V_{CO} + M_{CO_2}V_{CO_2} + M_{N_2}VM_{N_2})(1 - X_{sw}) + M_{H_2O}V_{H_2O}] \tag{3-23}$$

式中：ρ_{N}——标准状态下湿烟气密度，kg/Nm³；

M_{O2}、M_{CO}、M_{CO_2}、M_{N_2}、M_{H_2O}——相应气体的分子量；

V_{O_2}、V_{CO}、V_{CO_2}、V_{N_2}——相应气体的体积百分数,%。

（4）测量状态下湿烟气的密度计算：

$$\rho_s = \rho_{\mathrm{N}} \frac{273}{101\ 324} \times \frac{B_a + P_s}{273 + t} = \rho_{\mathrm{N}} \times \frac{273}{101\ 325} \times \frac{B_s}{T_s} \tag{3-24}$$

式中：ρ_s——测量状态下湿烟气的密度，kg/m³；

P_{N}——标准状态下湿烟气密度，kg/Nm³湿烟气，一般情况下 P_{N} 可取 1.34 kg/Nm³湿烟气；

B_a——测量状态下，烟气所承受的大气压力，Pa；

P_S——测量断面内烟气静压，Pa；

t_S——测点处的烟温,℃；

B_S——测量断面内烟气绝对压力，Pa；

T_S——测点处的绝对温度，K。

7. 大气污染物基准含氧量排放浓度折算。

实测的锅炉烟气颗粒物、二氧化硫、氮氧化物、汞及其化合物的排放浓度应按式（3－25）折算为基准氧含量排放浓度。各类燃烧设备的基准含氧量按表3－5的规定执行。

表3－5　基准氧含量

编号	锅炉类型	基准含氧量（O_2）/%
1	燃煤锅炉	9
2	燃油、燃气锅炉	3.5

$$\rho = \rho \frac{21 - \varphi(O_2)}{21 - \varphi(O_2)} \tag{3-25}$$

式中：ρ——大气污染物基准氧含量排放浓度，mg/m³；

ρ——实测的大气污染物排放浓度，mg/m³；

$\varphi'(O_2)$——实测的氧含量；

$\varphi(O_2)$——基准氧含量。

8. 烟气流速及流量。

(1) 烟气流速。

烟气的流速可由风速传感器直接测得，也可利用皮托管测得的动压来计算。动压计算烟气流速的公式如下：

$$V_{si} = K_p\sqrt{\frac{2P_{di}}{\rho_s}} = 128.9K_p\sqrt{\frac{(273+t_s)P_{di}}{M_s(B_a+P_s)}} \tag{3-26}$$

当干排气成分与空气近似，排气露点温度为35～55 ℃、排气的绝对压力为97～103 kPa时，V_{si}可按式（3－27）计算：

$$V_{si} = 0.076K_p\sqrt{(273+t_s)}\times\sqrt{P_{di}} \tag{3-27}$$

对于接近常温、常压条件下（$t_s=20$℃，$B_a+P_s=101\ 300$ Pa），通风管道的空气流速V_{si}按式（3－28）计算：

$$V_{si} = 1.29K_p\sqrt{P_{di}} \tag{3-28}$$

式中：V_{si}——测量点流速，m/s；

V_s——常温常压下通风管道的空气流速，m/s；

B_a——大气压力，Pa；

K_P——皮托管修正系数；

P_{di}——测定点烟气动压，Pa；

P_s——测定点烟气静压，Pa；

ρ_s——管道内湿气密度，kg/m³湿烟气；

t_s——排气温度，℃。

(2) 烟气流量。

①在测定工况下烟气流量的计算：

$$Q = 3\ 600\times F\times\overline{V}_s \tag{3-29}$$

式中：Q——测量工况下烟气的流量，m³湿烟气/h；

F——测定断面面积，m²；

$\overline{V}_s$——测定断面烟气平均流速，m/s。

②标准状态下湿烟气流量的计算：

$$Q_N = 3600\times F\times\overline{V}_s\times\frac{B_a+p_s}{101\ 325}\times\frac{273}{t_s+273} \tag{3-30}$$

式中：Q_N——标准状态下烟气的流量，m³湿烟气/h；

F——测定断面面积，m²；

$\overline{V}_s$——测定断面烟气平均流速，m/s；

B_a——测量状态下烟气所承受的大气压力，Pa；

P_s——测定断面烟气静压，Pa；

t_s——测定断面烟气的平均温度，℃。

③标准状态下干烟气流量的计算：

$$Q'_N = Q_N \times (1 - X_{sw}) \tag{3-31}$$

式中：Q'_N——标准状态下干烟气的流量，Nm^3干烟气/h；

Q_N——标准状态下烟气的流量，Nm^3湿烟气/h；

X_{SW}——烟气含湿量，%。

④常温常压条件下，通风管道中的空气流速按下式计算：

$$Q_a = 3\,600F\overline{V}_a \tag{3-32}$$

式中：Q_a——通风管道中的空气流量，m^3/h。

【思考题】

1. 大气污染物中硫氧化物去除技术有哪些？
2. 常见的大气污染控制技术工艺有哪些？

实验 15　XT 型高效填料净化塔性能测定实验

【实验目的】

1. 了解用吸收法净化废气中 SO_2 的原理和效果。

2. 改变空塔气速，观察填料塔内气液接触状况和液泛现象。

3. 掌握测定填料吸收塔的吸收效率和压降的方法。

【实验原理】

含 SO_2 的气体可采用吸收法净化。由于 SO_2 在水中溶解度不高，常采用化学吸收法。吸收 SO_2 的吸收剂种类较多，本实验采用 NaOH 或 $NaCO_3$ 溶液作为吸收剂，吸收过程发生的主要化学反应为：

$$2NaOH + SO_2 \longrightarrow Na_2SO_3 + H_2O$$

$$Na_2CO_3 + SO_2 \longrightarrow Na_2SO_3 + CO_2$$

$$Na_2SO_3 + SO_2 + H_2O \longrightarrow 2NaHSO_3$$

本实验过程中，通过测定填料吸收塔进、出口气体中 SO_2 的含量，可近似计算出吸收塔的平均净化效率，进而了解吸收效果。

本实验中通过测出填料塔进、出口气体的全压，即可计算出填料塔的压降；若填料塔的进、出口管道直径相等，可用倾斜微压计测出其静压差，即可求出压降。

1. 管道中各点气流速度的测定。

当干烟气组分同空气近似，露点温度为 35 ~ 55℃，烟气绝对压力在 0.99×10^5~1.03×10^5 Pa 时，可用下列公式计算烟气管道流速：

$$v_0 = 2.77K_P\sqrt{T}\sqrt{P} \qquad (3-33)$$

式中：v_0 ——烟气管道流速，m/s；

K_P——毕托管的校正系数，$K_P=0.84$；

T——烟气温度，℃；

$\sqrt{P}$ ——各动压方根平均值，Pa。

$$\sqrt{P} = \frac{\sqrt{P_1}+\sqrt{P_2}+\cdots+\sqrt{P_n}}{n} \qquad (3-34)$$

式中：P_n ——任一点的动压值，Pa；

n——动压的测点数。

2. 管道中气体流量的测定。

气体流量计算公式：

$$Q_s = A \cdot v_0 \tag{3-35}$$

式中：A——管道横断面积，m^2

3. 由样品分析数据计算标准状态下气体中 SO_2 的浓度。

$$\rho(SO_2) = \frac{[(A - A_0) - a] \times V_t}{V_n \times b \times V_a} \tag{3-36}$$

式中：$\rho(SO_2)$ ——标准状态下二氧化硫浓度，mg/m^3；

A——样品溶液的吸光度；

A_0——试剂空白溶液的吸光度；

b——回归式的斜率（吸光度/SO_2）；

a——回归方程的截距；

V_t——样品溶液总体积；

V_a——测定时所取样品溶液体积；

V_n——标准状态下的采样体积。

4. 吸收塔的平均净化效率（η）。

$$\eta = (1 - \frac{\rho_2}{\rho_1}) \times 100\% \tag{3-37}$$

式中：ρ_1——标准状态下吸收塔入口处气体中 SO_2 的质量浓度，mg/m^3；

ρ_2——标准状态下吸收塔出口处气体中 SO_2 的质量浓度，mg/m^3。

5. 吸收塔压降（ΔP）的计算。

$$\Delta P = P_1 - P_2 \tag{3-38}$$

式中：P_1——吸收塔入口处气体的全压或静压，Pa；

P_2——吸收塔出口处气体的全压或静压，Pa。

6. 计算填料塔的液泛速度。

$$v_{Fmax} = \frac{Q_s}{F} \tag{3-39}$$

式中：Q_s——气体流量，m^3/s；

F——填料塔截面积，m^2。

【实验设备与材料】

1. 填料吸收塔吸收 SO_2 实验装置。

2. 干湿球温度计。

3. 分光光度计。

4. 空盒式气压表。

5. 秒表。

6. 玻璃筛板吸收瓶（10 ml）20 个。

7. 光电分析天平（分度值 1/1 000 g。

8. 标准风速测定仪。

9. 鼓风干燥箱。

10. 烟气测试仪（采样用）2 台。

11. 倾斜式微压计。

12. 其他玻璃仪器：容量瓶、具塞比色管、滴定管、移液管、棕色细口瓶、碘量瓶、锥形瓶等。

吸收液从储液槽利用水泵通过转子流量计，由填料塔上部经喷淋装置喷入塔内，流经填料表面后由塔下部排出，回入储液槽。空气由高压离心风机与 SO_2气体相混合，配制成一定浓度的混合气。SO_2来自钢瓶，并经流量计计量后进入进气管。含 SO_2 的空气从塔底部进气口进入填料塔内，通过填料层后，气体经除雾器后由塔顶排出。

【实验装置主要技术数据】

1. 动力装置布置为负压式。

2. 塔径：Φ200 mm。

3. 塔高：1 790 mm。

4. 气体进口管：$D=90$ mm。

5. 气体出口管：$D=90$ mm。

6. 喷淋密度：6～8 $m^3/(m^2 \cdot h)$。

7. NaOH 吸收液浓度：5%。

8. SO_2进气浓度：0.1%～0.5%。

【实验内容和步骤】

1. 实验准备工作。

（1）甲醛缓冲溶液吸收—盐酸副玫瑰苯胺分光光度法测定二氧化硫，详见《环境监测实验》。

（2）5% 烧碱或纯碱溶液：称取工业用烧碱或纯碱 1 kg，溶于 20 kg 水中，作为吸收系统的吸收液。

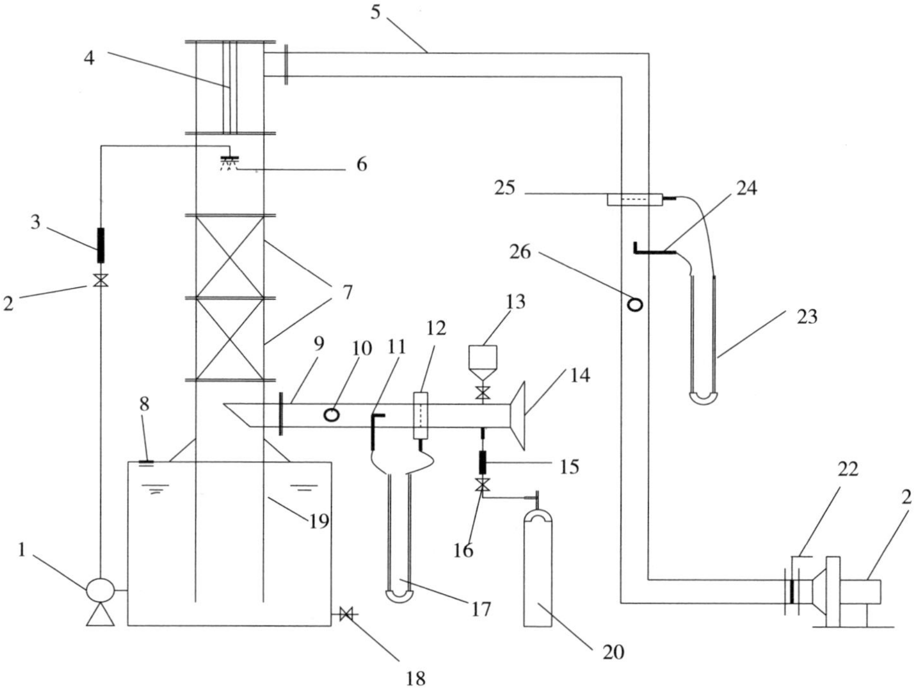

图 3－12 填料吸收塔吸收 SO_2 实验装置

注：1——耐腐泵；2——进水调节阀；3——进水流量计；4——折板除雾器；5——出风管；6——喷淋器；7——填料层；8——加水口；9——进气管；10——取样口 1；11——动压测口 1；12——静压测口 1；13——粉尘布灰斗；14——喇叭形均流管；15——反应气体流量计；16——进气调节阀；17——U 形管压差计 1；18——放空阀；19——水箱；20——SO_2 气体钢瓶；21——高压离心风机；22——风量调节阀；23——U 形管压差计 2；24——动压测口 2；25——静压测口 2；26——取样口 2。

2. 实验步骤。

（1）按图 3－12 正确连接装置，检查系统是否漏气，并在储液槽中注入已配制好的 5% 碱溶液。

（2）在玻璃筛板吸收瓶内装入 10 ml 吸收 SO_2 用的吸收液。

（3）打开吸收塔的进液阀，同时调节喷淋液体流量 Q_L，使液体均匀喷淋，并沿填料表面缓慢流下，充分润湿填料表面。当液体由塔底流出后，将液体流量调节至 $Q_L = 300$ L/h 左右。

（4）开启离心风机，调大气体流量，使塔内出现液泛。仔细观察此时的气液接触状况，并记录液泛的气速 v_{Fmax}（由气体气流量计算）。

（5）逐渐减小气体流量，在液泛现象消失后（即在接近液泛现象，吸收塔能正常工作时）开启 SO_2 气瓶，并调节其流量，使其气体中 SO_2 的含量为 0.1%~0.5%（体积分数）。

（6）静待 3 min 至塔内操作完全稳定后，按要求开始测量并记录有关实验数据。

（7）在吸收塔的上下取样口用烟气测试仪（或综合烟气分析仪）同时采样。采样时，先将装入吸收液的吸收瓶放在烟气测试仪的金属架上。吸收瓶上和玻璃筛板相连的接口与取样口相连；吸收瓶上另一接口与烟气测试仪的进气口相连（注意不能接反）。然后，开启烟气测试仪，以 0.5 L/min 的采样流量采样 5~10 min（视气体中的 SO_2 浓度大小而定）。

（8）在喷淋液体流量 Q_L 不变，并保持气体中 SO_2 浓度在大致相同的情况下（SO_2 含量仍保持在 0.1%~0.5%），改变气体的流量，稳定运行 3 min 后，按上述方法，测取 5 组数据。

（9）在气体流量 Q_s 不变，并保持气体中 SO_2 浓度在大致相同的情况下（SO_2 含量仍保持在 0.1%~0.5%），改变喷淋液体 Q_L 的流量，稳定运行 3 min 后，重复上述步骤。

（10）实验完毕，先关掉 SO_2 气瓶，待 2 min 后再停止供液，最后停止鼓入空气。

（11）样品分析及计算。

【注意事项】

1. 填料塔不宜处理含固体的流体，但适用于处理腐蚀性的流体。

2. 在操作过程中，控制一定的液气比及气流速度，及时检查设备运转情况，防止液泛、雾沫夹带现象发生。

3. 填料塔设备应该放在通风干燥的地方，平时应经常检查设备，有异常情况及时处理。

【实验数据处理与分析】

1. 实验结果记录表。

实验日期________　　实验人员________

泛液气速 v_{Fmax}：________m/s

（1）气体流量变化测得的实验数据表见表 3-6。

固定喷淋液体流量 Q_L：________L/h。

表 3－6　填料塔气体流量变化测定结果记录表

实验次数	气体流量 (m^3/h)	原气浓度 ρ_1 ($\mu g/m^3$)	净化后浓度 ρ_2 ($\mu g/m^3$)	净化效率 η (%)	压力损失 (Pa)
1					
2					
3					
4					
5					

（2）喷淋液体流量变化测得的实验数据表见表 3－7。

固定气体流量 Q_s：________m^3/h

表 3－7　填料塔喷淋液体流量变化测定结果记录表

实验次数	液体流量 (L/h)	原气浓度 ρ_1 ($\mu g/m^3$)	净化后浓度 ρ_2 ($\mu g/m^3$)	净化效率 η (%)	压力损失 (Pa)
1					
2					
3					
4					
5					

2. 吸收塔的平均净化效率。

$$\eta = (1 - \frac{\rho_2}{\rho_1}) \times 100\% \tag{3-40}$$

式中：ρ_1——标准状态下吸收塔入口处气体中 SO_2的质量浓度，mg/m^3；

ρ_2——标准状态下吸收塔出口处气体中 SO_2的质量浓度，mg/m^3。

3. 填料塔压降（ΔP）计算

$$\Delta P = P_1 - P_2 \tag{3-41}$$

式中：P_1——吸收塔入口处气体的全压或静压，Pa；

P_2——吸收塔出口处气体的全压或静压，Pa。

4. 计算填料塔的液泛速度。

$$v_{Fmax} = \frac{Q_s}{F} \tag{3-42}$$

式中：Q_s——气体流量，m^3/s；

F——填料塔截面积，m^2。

5. 压力损失、净化效率和空塔气速的关系曲线。

整理5组不同空塔气速 v_F 下的 ΔP 和 η 资料，绘制 $v_F-\Delta P$ 和 $v_F-\eta$ 实验性能曲线，分析空塔气速 v 对填料塔的压力损失和净化效率的影响。

6. 压力损失、净化效率和喷淋液体流量 Q_L 的关系曲线。

整理5组不同喷淋液体流量 Q_L 下的 ΔP 和 η 资料，绘制 $Q_L-\Delta P$ 和 $Q_L-\eta$ 实验性能曲线，分析 Q_L 对填料塔的压力损失和净化效率的影响。

【思考题】

1. 从实验结果标绘出的曲线，可以得出哪些结论？

2. 通过该实验，你认为实验中还存在什么问题？应做哪些改进？

第四篇

给水处理工程实验

基础性实验

实验16　絮凝池实验

【实验目的】

1. 通过模型演示实验，进一步了解絮凝池的构造及工作原理。

2. 掌握絮凝池运行的操作方法，观察矾花的形成。

3. 加深对絮凝池运行的影响因素以及与不同类型絮凝池区别的认识。

4. 掌握絮凝池运行的操作方法。

【实验原理】

1. 隔板絮凝池。

隔板絮凝池分为往复式与回转式，后者是在前者的基础上加以改进形成的。在往复式絮凝池内，水流做180°急剧转弯，局部水头损失较大，而这部分能量消耗往往对絮凝效果作用不大。隔板絮凝池内水流形似推流式，特别是在絮凝后期，回转式隔板絮凝池内水流做90°转弯，局部水头损失大为减小，混凝效果也有所提高。

2. 折板絮凝池。

折板絮凝池是在隔板絮凝池基础上发展起来的。折板可波峰对波谷平行安装，称“同波折板”；也可波峰相对安装，称“异波折板”。水流在同波折板之间曲折流动或在异波折板之间连续不断地缩放流动，以至于形成众多小旋涡，提高了颗粒碰撞絮凝效果。

3. 机械絮凝池。

机械絮凝池利用电动机经减速装置驱动搅拌器对水进行搅拌，故水流的能量消耗来源于搅拌机的功率输入。搅拌器有浆板式和叶轮式等，目前我国常用浆板式搅拌器。根据搅拌轴的安装位置，搅拌器又可分为水平轴和垂直轴两种形式。水平轴式通常适用于大型水厂，垂直轴一般适用于中、小型水厂。

图4－1为组合絮凝池的构造示意图。原水和混凝剂通过流量计进入絮凝池内，经折板絮凝池、隔板絮凝池与机械絮凝池后出水。

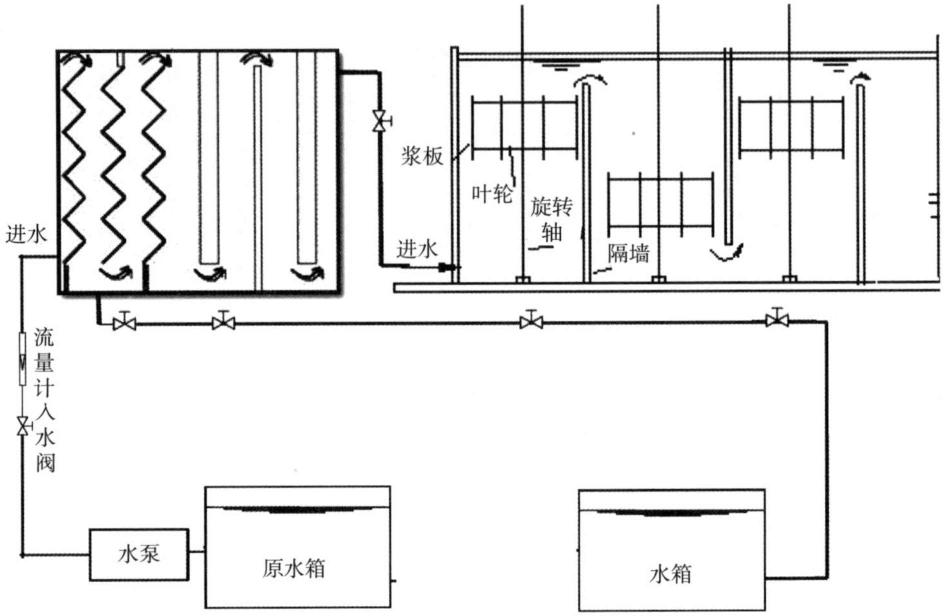

图 4－1　组合絮凝池构造示意图

【实验设备与材料】

1. 组合絮凝池有机玻璃模型 1 套。

2. 分析仪器：浊度仪、酸度计、温度计、烧杯、量筒。

3. 实验用试剂：泥土、混凝剂。

【实验内容和步骤】

1. 对照模型熟悉折板絮凝池、隔板絮凝池与机械絮凝池的构造及工艺流程。

2. 启动水泵用清水试运行，检查各部件运行是否正常，学会各部件的操作方法。

3. 在水箱中配制原水，搅拌均匀后测定其水温、pH、浊度。

4. 向原水中投加定量的混凝剂（混凝剂的种类和最佳投加量参照混凝实验），搅拌均匀后启泵运行，同时调整进水的流量 $Q=500$ L/h。

5. 选择 3 个不同流量值进行实验，分别测试不同负荷下运行 5 min、10 min、15 min、20 min、25 min、30 min 时的出水浊度，计算浊度去除率，填入表 4－1 中。

6. 实验完成后，关闭水泵及各阀门。

【注意事项】

1. 取原水水样时要搅拌均匀，一次性量取，以尽量减少取样浓度上的误差。

2. 当排泥斗中泥位升高影响正常工作时，应及时排泥。

【实验数据处理与分析】

1. 实验结果记录见表4－1。

表4－1　实验数据记录表

流量（L/h）		300	500	800
原水	pH			
	水温/℃			
	浊度/NTU			
投药	名称			
	投药量/（g/L）			
出水浊度	5 min			
	10 min			
	15 min			
	20 min			
	25 min			
	30 min			
浊度去除率	5 min			
	10 min			
	15 min			
	20 min			
	25 min			
	30 min			

2. 以运行时间为横坐标，出水浊度为纵坐标，绘制不同负荷下脉冲澄清池工作水质曲线图。

【思考题】

1. 通过模型演示实验阐述絮凝池的工作原理。

2. 比较折板絮凝池、隔板絮凝池与机械絮凝池的不同之处，它们的主要优缺点有哪些？

实验17　水力循环澄清实验

【实验目的】

1. 通过模型演示实验，进一步了解水力循环澄清池的构造及工作原理。

2. 观察矾花和悬浮层的形成，进一步明确悬浮层的作用和特点。

3. 加深对水力循环澄清池运行的影响因素以及与其他类型澄清池区别的认识。

4. 掌握水力循环澄清池运行的操作方法。

【实验原理】

1. 水力循环澄清池的工作原理。

水力循环澄清池属于泥渣循环型澄清池，池中泥渣在一定范围内循环利用，在循环过程中，活性泥渣不断与原水中脱稳微粒进行接触絮凝作用，使杂质从水中分离出去。

水力循环澄清池的构造如图4－2所示。原水从池底进入，先经喷嘴高速喷入喉管内，在喉管下部喇叭口附近造成真空而吸入回流泥渣，原水与回流泥渣在喉管中充分混合后，被依次送入第一絮凝室和第二絮凝室。从第二絮凝室流出的泥水混合液，在分离室中进行泥水分离，清水向上，泥渣则一部分进入污泥浓缩室，另一部分被吸入喉管重新循环，如此周而复始。原水流量与泥渣回流量之比一般为1∶2～1∶4。

2. 水力循环澄清池的特点。

（1）靠水力作用进行污泥抽升，无须机械搅拌设备，运行管理较方便。

（2）大量高浓度的回流泥渣与原水中加过混凝剂的杂质颗粒具有更多的接触机会，且二者粒径相比较悬殊，因此聚凝效果好。

（3）进水水压要求较高，池体较高，能耗较大。

（4）对原水水质、水量、水温变化适应性较差。

【实验设备与材料】

1. 水力循环澄清池有机玻璃模型一套。

2. 分析仪器：浊度仪、酸度计、温度计、烧杯、量筒。

3. 实验用试剂：泥土、混凝剂。

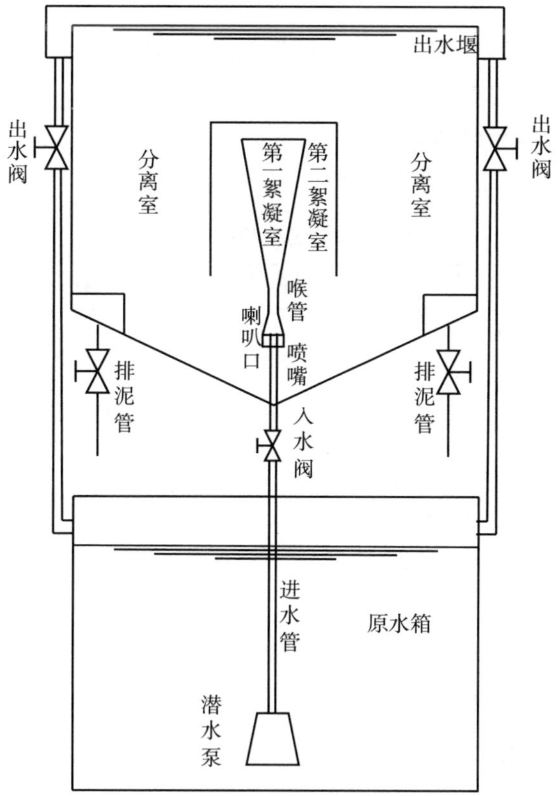

图 4－2　水力循环澄清池结构示意图

【实验内容和步骤】

1. 对照模型熟悉水力循环澄清池的构造与工作原理。

2. 启动水泵用清水试运行，检查各部件运行是否正常，学会各部件的操作方法。

3. 在水箱中配制原水，搅拌均匀后测定其水温、pH、浊度。

4. 向原水中投加定量的混凝剂（混凝剂的种类和最佳投加量参照混凝实验），搅拌均匀后启泵运行，同时调整进水的流量。

5. 当矾花悬浮层形成并能正常运行时，选择 3 个不同流量值进行实验，分别测试不同负荷下运行 5 min、10 min、15 min、20 min、25 min、30 min 时的出水浊度，并计算浊度去除率，填入表 4－2 中。

6. 实验完毕，关闭水泵及各阀门。

【注意事项】

1. 取原水水样时要搅拌均匀，一次性量取，以尽量减少取样浓度上的误差。

2. 应及时打开排泥管进行排泥。

【实验数据处理与分析】

1. 实验结果记录见表 4 - 2。

表 4 - 2　实验数据记录表

流量（L/h）		300	500	800
原水	pH			
	水温/℃			
	浊度/NTU			
投药	名称			
	投药量/（g/L）			
出水浊度	5 min			
	10 min			
	15 min			
	20 min			
	25 min			
	30 min			
浊度去除率	5 min			
	10 min			
	15 min			
	20 min			
	25 min			
	30 min			

2. 以运行时间为横坐标，出水浊度为纵坐标，绘制不同负荷下水力循环澄清池工作水质曲线图。

【思考题】

1. 结合实验阐述水力循环澄清池的工作原理。

2. 澄清池与沉淀池有哪些不同之处？它们的主要优缺点有哪些？

3. 比较水力循环澄清池与其他类型澄清池不同之处，各自有何特点？

实验 18　重力无阀滤池实验

【实验目的】

1. 通过模型演示实验，进一步了解重力无阀滤池的构造及工作原理。

2. 掌握重力无阀滤池运行的操作方法。

【实验原理】

无阀滤池有重力式和压力式两种，前者使用较为广泛，后者仅用于小型、分散性给水工程，常供一次性净化用。

1. 重力式无阀滤池的工作原理。

重力式无阀滤池的构造如图 4 – 3 所示。过滤时原水经入水分配槽，由 U 形进水管进入虹吸上升管后下行，再经挡板均匀地布水在滤料层上，过滤后的水通过承托层及配水系统进入底部空间，通过连通渠进入冲洗水箱，当水位上升至出水管管口时，由出水管排出。

无阀滤池刚投入运行时，滤料层较为清洁，水头损失较小。运行一段时间后，滤料层中杂质逐渐增多，水头损失随之增加，虹吸上升管中的水位慢慢升高。当虹吸上升管中的水位升高到虹吸辅助管管口时，水从辅助管流下。由于下降水流的挟气作用，虹吸管中压力下降，因而虹吸下降管中的水位也被吸至一定高度，当管中负压达到一定程度时，两股水流汇成一股冲出虹吸下降管管口，并把管中残留的空气全部带走，形成连续虹吸水流。这时滤料层上方压力骤降，促使冲洗水箱中的水按过滤时的相反方向进入虹吸管，滤料层从而得到反冲洗。反冲洗的废水由水封井排出。

在反冲洗过程中，冲洗水箱的水位逐渐下降，当水位下降到虹吸破坏管管口时，由于空气的进入，虹吸被破坏，反冲洗过程结束，过滤重新开始。当有特殊情况时，可采取强制反冲洗的方法进行反冲洗，即在虹吸辅助管上接一条进水管，人为造成虹吸连续流。

2. 重力无阀滤池的特点。

（1）运行过程全自动，操作方便，工作稳定可靠。

（2）节省大型阀门及材料，较同等规模的普快滤池造价更为经济。

（3）在过滤过程中，滤料层内不会出现水头。

（4）冲洗水箱位于滤池上部，出水标高较高，相应提高了滤前处理构筑物的标高，从而造成给水处理构筑物的总体高程布置困难。

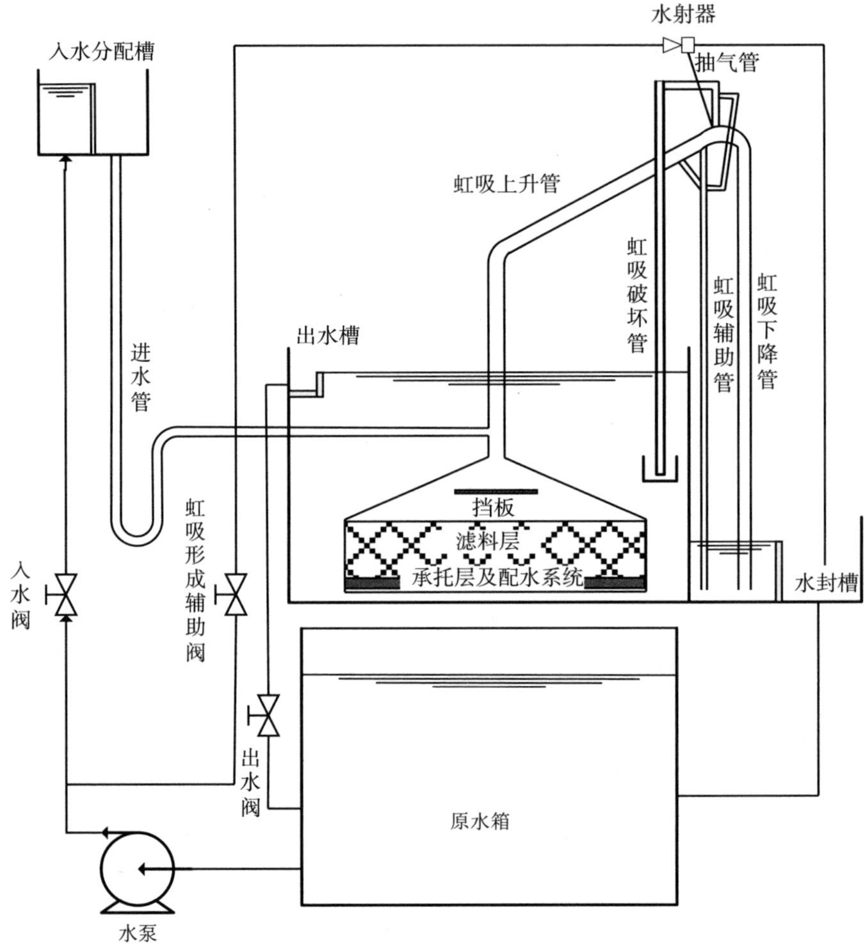

图 4－3　重力无阀滤池结构示意图

(5) 池体结构复杂，滤料处于封闭结构中，装卸困难。

【实验设备与材料】

1. 重力无阀滤池有机玻璃模型 1 套。
2. 分析仪器：浊度仪、酸度计、温度计、烧杯、量筒。
3. 实验用试剂：泥土、混凝剂。

【实验内容和步骤】

1. 对照模型熟悉重力无阀滤池的构造及工艺流程。
2. 启动水泵用清水试运行，检查各部件运行是否正常，掌握各部件的使用方法。

3. 在水箱中配制原水，搅拌均匀后测定其水温、pH、浊度。

4. 启动水泵并调节一定的流量进行过滤试验，运行时观察虹吸上升管中的水位变化情况，并测定过滤运行 10 min、20 min、30 min、40 min、50 min、60 min 时出水的 pH、浊度，计算浊度去除率，填入表 4－3 中。

5. 利用人工强制反冲洗法做反冲洗实验。

6. 实验完成后，关闭水泵及各阀门。

【注意事项】

1. 取原水水样时要搅拌均匀，一次性量取，以尽量减少取样浓度上的误差。

2. 在进行过滤实验时，应注意观察虹吸上升管中的水位变化。

【实验数据处理与分析】

1. 实验结果记录见表 4－3。

表 4－3　实验数据记录表

原水		水温（℃）	pH	浊度（NTU）
出水浊度	10 min			
	20 min			
	30 min			
	40 min			
	50 min			
	60 min			
浊度去除率	10 min			
	20 min			
	30 min			
	40 min			
	50 min			
	60 min			
滤池过滤面积（m^2）	滤层高度（m）	冲洗总水量（m^3）	冲洗历时（min）	膨胀率（%）

2. 以运行时间为横坐标，出水浊度为纵坐标，绘制重力无阀滤池工作水质曲线图。

【思考题】

1. 通过模型实验阐述重力无阀滤池的工作原理。
2. 阐述自动反冲洗和人为强制反冲洗的操作过程。
3. 简述进水管设置 U 形存水弯的作用。

实验 19　虹吸滤池实验

【实验目的】

通过实验加深对虹吸滤池工作原理的理解，掌握虹吸滤池的操作使用方法。

【实验原理】

虹吸滤池是采用真空系统来控制进水虹吸管、排水虹吸管，并采用小阻力配水系统的一种新型滤池，如图 4－4 所示。完全采用虹吸真空原理可以省去各种大阀门，只在真空系统中设置小阀门即可完成滤池的全部操作过程。虹吸滤池是由若干个单格滤池组成，滤池底部的清水区和配水系统彼此相通，可以利用其他滤格的滤后水来冲洗其中一格；又因为这种滤池是小阻力配水系统，可利用出水堰口高于排水槽一定距离的滤后水位能作为反冲洗的动力（即反冲洗水头），故此种滤池不需要专设反冲洗水泵。

虹吸滤池的主要优点：无须大阀门及相应的开闭控制设备；无须设置冲洗水塔或冲洗水泵；由于出水堰顶高于滤料层，故过滤时不会出现负水头现象。

虹吸滤池的主要缺点：由于滤池构造特点，池深比普通快滤池大，一般在 5 m 左右；冲洗强度受其余几格滤池水量影响，故冲洗效果不像普通快滤池那样稳定。

【实验设备与材料】

1. 虹吸滤池模型 1 套。
2. 浊度仪 1 台。
3. 酸度计 1 台。
4. 200 ml 烧杯 1 个（取水样测浊度用），100 ml、500 ml 量筒各 1 个（测投药量用），秒表 1 块。
5. 混凝剂：10 g/L 三氯化铁（$FeCl_3$），10 g/L 硫酸铝［$Al_2(SO_4)_3$］或 10 g/L 聚合氯化铝［$Al_2(OH)_mCl_{6-m}$］，1 g/L 聚丙烯酰胺（PAM）。
6. 生活污水或自配水样。

【实验内容和步骤】

1. 对照工艺图了解实验装置及构造。
2. 配制原水，使其浊度为 20～40 NTU，以最佳投药量将混凝剂投入水箱

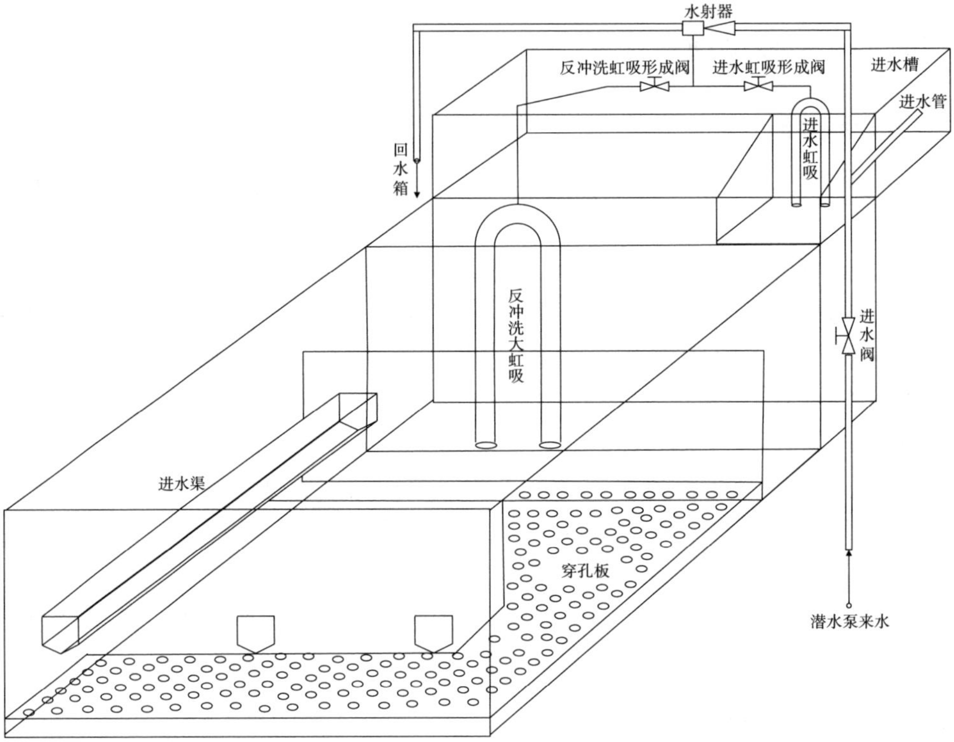

图 4-4　虹吸滤池装置图

中，充分搅拌。

3. 过滤过程。开启水泵，启动供水系统，依次打开进水阀门、水射器阀门；然后打开进水虹吸管形成阀，进水虹吸管形成真空后，再依次关闭进水虹吸管形成阀和水射器阀门；调节流量，原水自进水槽通过进水虹吸管、进水斗流入滤池过滤，滤后水通过滤池底部空间经连通渠、连通管、出水槽、出水管送至清水池。

4. 反冲洗过程。当某一格滤池阻力增加，滤池水位上升到最高水位或出水水质大于规定标准时，应进行反冲洗；先打开进水虹吸管的形成阀门，破坏虹吸作用，停止进水后关闭；然后依次打开水射器阀门、反冲洗虹吸形成阀，反冲洗虹吸形成后即可依次关闭反冲洗虹吸管形成阀门和水射器阀门，清水区内水位迅速下降，冲洗水由其余几个滤格供给，经底部空间通向砂层，使砂层得到反冲洗；反冲洗后的水经冲洗排水槽、排水虹吸管、管廊下的排水渠以及排水井、排水管排出；冲洗完毕后，打开反冲洗虹吸管形成阀门，虹吸破坏，再重复过滤操作过程恢复过滤即可。

【实验数据处理与分析】

1. 测出一个滤池水质随工作延续时间变化的情况，并根据过滤过程出水浊度随时间的变化情况绘制出滤池工作水质曲线图（图4－5）。

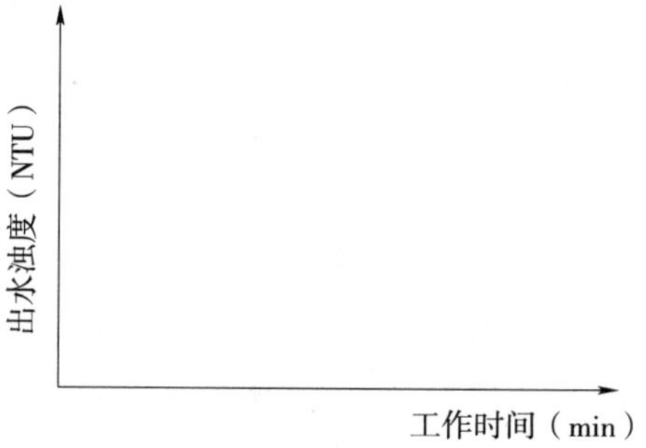

图4－5　出水浊度与时间的关系曲线

2. 测出进水虹吸管与排水虹吸管虹吸形成的时间。

3. 观察反冲洗时水位的变化规律。

【思考题】

1. 通过试验总结说明此种滤池的主要优缺点及模型存在的问题，并提出改进建议。

2. 当对虹吸滤池的某一滤格进行反冲洗时，清水区的水位有什么要求？

3. 为什么虹吸滤池的所有滤格不能同时进行反冲洗？

实验20　斜板沉淀实验

【实验目的】

1. 进一步加深对斜板沉淀池构造和工作原理的认识。
2. 进一步了解斜板沉淀池运行的影响因素。
3. 掌握斜板沉淀池的运行操作方法。

【实验原理】

根据浅层理论，沉淀池在有效容积一定的条件下，增加沉淀面积，可以提高沉淀效率。如图4－6所示，斜板沉淀池是由与水平面成一定角度（一般60°左右）的众多斜板放置于沉淀池中构成的，因为沉淀区被分隔为许多区，所以沉淀面积和沉淀效率显著增加；当水流从下向上、或从上向下、或水平方向流动时，颗粒则沉淀于斜板底部，当颗粒累积到一定程度时，便自动滑下。

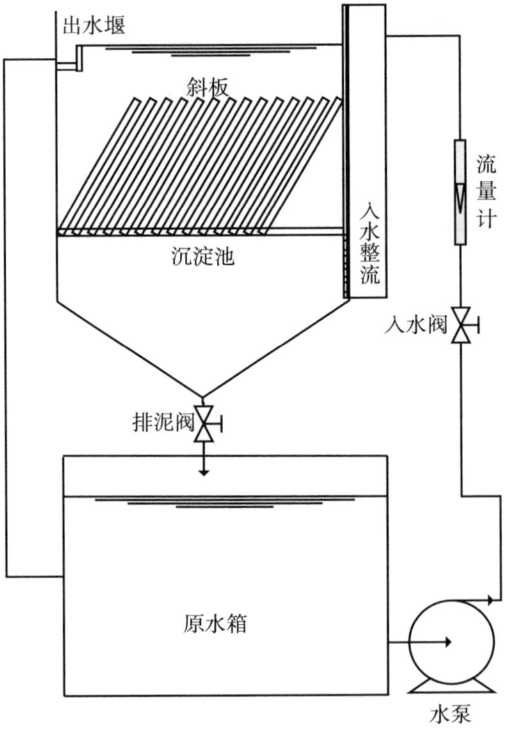

图4－6　斜板沉淀池示意图

按照斜板沉淀池中的水流方向，斜板沉淀池可分为以下 4 种类型。

1. 异向流斜板沉淀池。

异向流斜板沉淀池的水流方向与污泥沉降方向不同，水流向上流动，污泥向下滑。异向流斜板沉淀是最常用的方法之一。

2. 同向流斜板沉淀池。

同向流斜板沉淀池的水流方向与污泥沉降方向相同。与异向流斜板沉淀池相比，同向流斜板沉淀池由于水流方向与沉降方向相同，因而有利于污泥的下滑，但因其结构较复杂，应用不多。

3. 横向流斜板沉淀池。

横向斜板沉淀池在长度方向布置其斜板，水流沿池长方向横向流过，沉淀物沿斜板滑落，其沉淀过程与平流式沉淀池类似。

4. 双向流斜板沉淀池。

在沉淀池中，既有同向流斜板又有异向流斜板组合而成的斜板沉淀池，称为双向流斜板沉淀池。

【实验设备与材料】

1. 斜板沉淀池模型 1 套。

2. 浊度仪 1 台。

3. 酸度计 1 台。

4. 200 ml 烧杯 3 个，100 ml、500 ml 量筒各 1 个（测投药量用），秒表 1 块，温度计 1 支。

5. 10 g/L 三氯化铁（$FeCl_3$），10g/L 硫酸铝［$Al_2(SO_4)_3$］或 10 g/L 聚合氯化铝（$Al_2(OH)_mCl_{6-m}$），1 g/L 聚丙烯酰胺（PAM）。

6. 黏土自配水样。

【实验内容和步骤】

1. 检查整个模型的电源开关，水泵、阀门等。

2. 一切正常后，测定原水的 pH、温度、浊度，并记录。

3. 将混凝剂投入原水，使水出现矾花，按照一定流量进水。

4. 启动水泵，将原水按照一定流量（可以先将流量控制在 300 L/h）注入沉淀池中（如果进行自由沉淀实验，可以直接进水）。测定出水的浊度、pH，记录在表 4－4 中，并计算去除率。

5. 根据模型大小，依据 300 L/h 流量的实验情况，依次改变进水流量，考察流量对去除效率的影响，测定不同负荷下进出水的浊度，记录在

表4－4中。

6. 放空混凝池及沉淀池中的水，更换不同混凝剂，按上述实验步骤重新进行，将结果记录在表4－4中。

7. 定期排泥。

【实验数据处理与分析】

1. 将实验中测定的各个指标记录于表4－4中。

2. 根据测定的进出水浊度计算去除率，比较两种混凝剂的去除效果。

表4－4　斜板沉淀实验记录表

序号	原水		混凝剂		浊度		
	水温（℃）	流量（L/h）	名称	投药量（mg/L）	进水	出水	去除率（%）
1							
2							
3							
4							
5							

【思考题】

1. 与其他沉淀池相比，斜板沉淀池有哪些优点？

2. 分析影响混凝效果的因素。

3. 当投药量超过最佳投药量后，混凝效果反而降低，试分析其原因。

综合性实验

实验21　过滤与反冲洗实验

【实验目的】

1. 了解模型及设备的组成与构造。
2. 观察过滤及反冲洗现象，进一步了解过滤及反冲洗原理。
3. 掌握实验的操作方法。
4. 掌握滤池工作中主要技术参数的测定方法。

【实验原理】

1. 过滤与反冲洗模型。

过滤与反冲洗实验装置由进水箱、流量计及过滤柱组成（图4－7）。

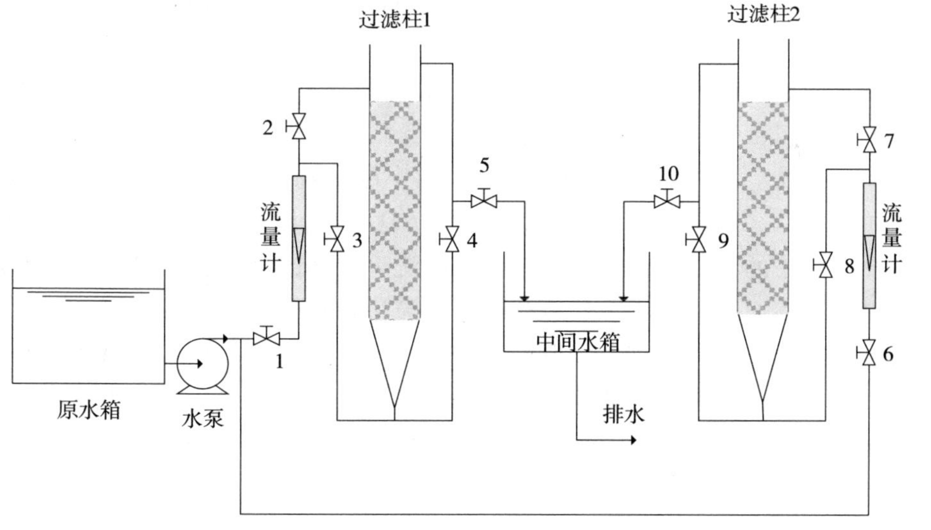

图4－7　过滤与反冲洗实验装置示意图

2. 过滤原理。

过滤工艺是给水和废水预处理或深度处理中的一种常见方法，是根据地下水通过地层过滤形成清洁井水的原理而创造的处理浑浊水的方法。在处理过程中，过滤一般是指用石英砂、无烟煤、活性炭等颗粒状滤料层截留水中悬浮杂质，从而使水达到澄清的工艺过程。过滤是水中悬浮颗粒与滤料颗粒间黏附作用的结果。黏附作用大小主要取决于滤料和水中颗粒的表面物理化学性质。当水中颗粒迁移到滤料表面上时，在范德华引力和静电引力以及某些化学键和特殊的化学吸附力作用下，它们被黏附到滤料颗粒的表面。此外，某些絮凝颗粒的架桥作用也同时存在。经研究表明，过滤过程中起主要作用的还是悬浮颗粒与滤料颗粒迁移和黏附这两个过程。滤料层能截留远比滤料孔隙尺寸小的水中杂质。

3. 影响过滤的因素。

在过滤过程中，随着过滤时间的增加，滤层中悬浮颗粒的量也随之不断增加，这必然导致过滤过程水力条件的改变。当滤料粒径、形状、滤层级配和厚度及水位已确定时，如果孔隙率减小，则在水头损失不变的情况下，滤速将减小。反之，滤速保持不变时，水头损失将增加。就整个滤料层而言，上层滤料截污量多，越往下层截污量越小，因而水头损失增值也由上而下逐渐减小。此外，影响过滤的因素还有很多，诸如水质、水温、滤速、滤料尺寸、滤料形状、滤料级配，以及悬浮物的表面性质、尺寸和强度等。

4. 滤料层的反冲洗。

过滤时，随着滤层中杂质截留量的增加，当水头损失增至一定程度时，滤池产生水量会锐减，或者是因为滤后水质不符合要求，滤池必须停止过滤，并进行反冲洗。反冲洗的目的是清除滤层中的污物，使滤池恢复过滤能力。滤池冲洗通常采用自上而下进行反冲洗的方法。反冲洗时，滤料层膨胀起来，截留于滤层中的污染物在滤层孔隙中的水流剪力和滤料颗粒碰撞摩擦的作用下，从滤料表面脱落下来，然后被冲洗水流带出滤池。反冲洗效果主要取决于滤层孔隙水流剪力。该剪力既与冲洗流速有关，又与滤层膨胀有关。冲洗流速小，水流剪力小；冲洗流速大，滤层膨胀度大，滤层孔隙中水流剪力又会降低，因此，冲洗流速应适当控制。高速水流反冲洗是最常用的一种形式，反冲洗效果通常由滤床膨胀率 e 来控制，即

$$e = \frac{L - L_0}{L} \times 100\% \tag{4-1}$$

式中：L——砂层膨胀后的厚度，cm；

L_0——砂层膨胀前的厚度，cm。

通过长期实验研究，e 为 25% 时，反冲洗效果最佳。

【实验设备与材料】

1. 过滤实验装置1套。

2. 浊度仪1台。

3. 100 ml、500 ml 量筒各1个（测投药量用），200 ml 烧杯2个（取水样测浊度用），秒表1块，1 m 直尺1把，温度计1支。

4. 原水水样。

5. 10 g/L 三氯化铁（$FeCl_3$），10 g/L 硫酸铝［$Al_2(SO_4)_3$］或10 g/L 聚合氯化铝［$Al_2(OH)_mCl_{6-m}$］，1 g/L 聚丙烯酰胺（PAM）。

【实验内容和步骤】

1. 对照工艺图，了解实验装置及构造，测定滤柱的原始条件，包括滤料的组成和厚度以及滤管的直径、面积和高度，填入表4－5中。

表4－5　原始条件记录

滤管编号	滤管直径（mm）	滤管面积（m^2）	滤管高度（m）	滤料名称	滤料高度（m）
1					
2					

2. 配制原水，使其浊度为20～40 NTU，以最佳投药量将混凝剂投入水箱中，充分搅拌。

3. 打开水泵进行过滤实验，调整滤速为8～16 m/h，每隔10 min、20 min、30 min 记录一次，填入表4－6中；采用不同滤速进行平行实验，可参考的滤速为5m/h、10m/h、15m/h。

表4－6　过滤记录

滤速（m/h）	流量（L/h）	原水浊度（mg/L）	原水投药量（mg/L）	滤后水浊度（mg/L）			水头损失（cm）
				10 min	20 min	30 min	
过滤水温（℃）							

4. 在实验中要注意控制滤料层的工作水深 h 基本保持不变。仔细观察绒粒进入滤料层深度情况及绒粒在滤料层中的分布，并观察杂质绒粒进入滤层深度情况。

5. 结束过滤，进行反冲洗实验。首先标出滤料层原始高度和不同膨胀率（15%、25%、50%）对应的滤料高度，打开反冲洗排水阀，然后缓慢开启反冲洗进水阀，用自来水对滤料进行反冲洗，测量滤层不同膨胀率时的流量，计算相应的反冲洗强度，将有关数据记入表 4 –7 中。测量每个膨胀率的冲洗强度时，应连续测量 3 次，并取平均值。

表 4 –7　滤池反冲洗实验记录

滤层膨胀率（%）	滤层膨胀厚度（cm）	冲洗流量 Q（L/h）	冲洗强度 q [L/(s·m²)]	平均冲洗强度 $\bar{q}$ [L/(s·m²)]
滤料原始厚度（cm）				
冲洗水温（℃）				

【注意事项】

1. 用自来水冲洗滤柱时，要注意检查冲洗流量，因为给水管网压力的变化及其他滤柱进行冲洗会影响冲洗流量，所以应及时调节冲洗自来水阀门开启度，尽量保持冲洗流量不变。

2. 反冲洗过滤时，不要使进水阀门开启度过大，应缓慢打开，以防滤料冲出柱外。

3. 反冲洗时，为了准确地量出砂层厚度，一定要在砂面稳定后再测量，并在每一个反冲洗流量下连续测量 3 次。

4. 过滤实验进行前，滤层中应保持一定水位，不要把水放空，以免过滤实验时测压管中积有空气。

5. 直接加药过滤时，不可先开启进水阀门后投药，以免影响过滤水质。

【实验数据处理与分析】

1. 分析试验结果，归纳滤管的水头损失、水质、绒粒分布随工作延续时间变化的情况，根据过滤过程中出水浊度随时间变化的情况并绘制出滤池工作水质曲线图（图 4 –8）。

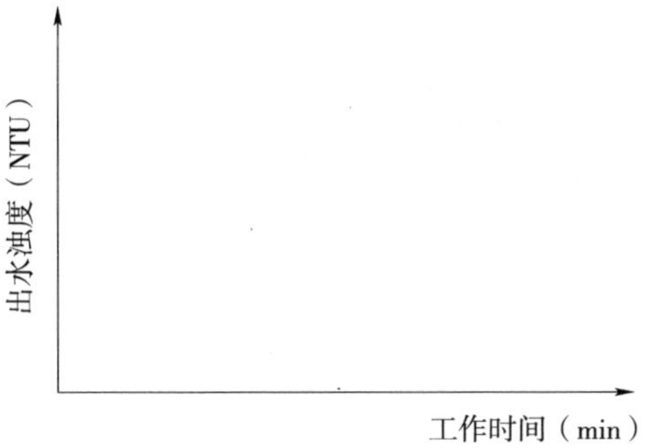

图 4－8　出水浊度与时间的关系曲线

2. 总结滤管不同流速与水头损失的变化规律，加深对滤速 v 与水头损失 h 之间关系的理解，并绘出流速与水头损失变化曲线（图 4－9）。

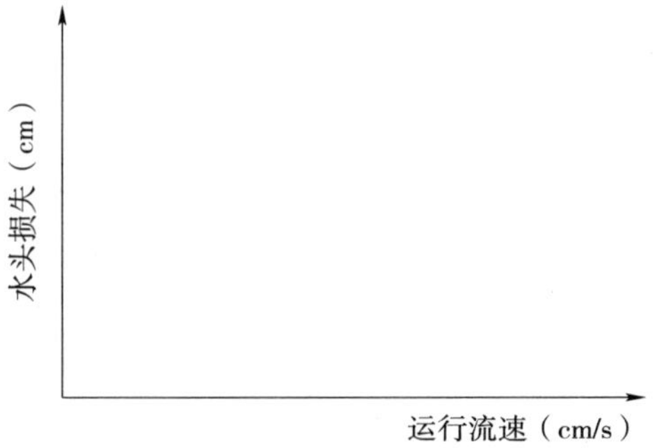

图 4－9　流速与水头损失的关系曲线

3. 根据反冲洗实验记录结果，绘制一定温度下的膨胀率与冲洗强度的关系曲线，并综合两组不同曲线进行分析比较（图 4－10）。

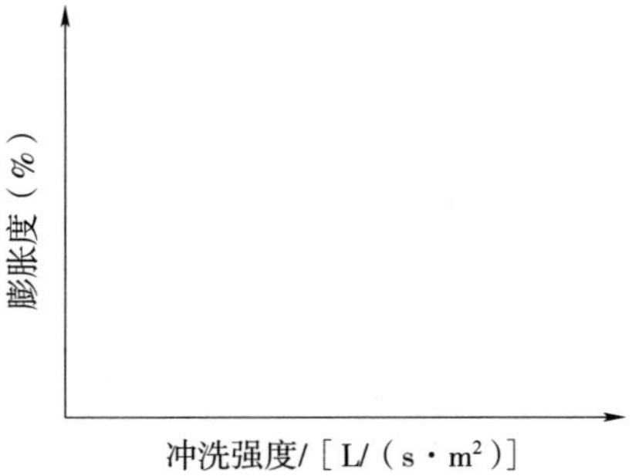

图 4－10　膨胀度与冲洗强度的关系曲线

【思考题】

1. 滤层内有空气泡时对过滤、冲洗有何影响？
2. 当原水浊度一定时，采取哪些措施能降低出水浊度？
3. 冲洗强度为何不宜过大？

设计性实验

实验 22　混凝实验

【实验目的】

1. 观察混凝现象，加深对混凝理论的理解。

2. 确定混凝过程的最优加药量。

3. 确定混凝过程的最优 pH。

4. 掌握混凝工艺条件的确定方法。

【实验原理】

天然水中的胶体以及微小的悬浮物质，是引起水的浑浊和色度的主要原因。水中的胶体物质由于自身的布朗运动、胶体颗粒间的静电斥力和胶体的表面作用，使得它在水中长期保持分散悬浮的稳定状态，自然沉降难以将其从水中分离去除。根据胶体的特性，在水处理过程中通常采用投加化学药剂（电解质、不同电荷的胶体或高分子等）方法来破坏胶体的稳定性。消除或降低胶体颗粒稳定性的过程叫作脱稳，脱稳后的胶粒在一定的水力条件下聚集成较大的絮凝体，俗称矾花，直径较大且较密实的矾花容易沉降而被分离去除。自投加药剂直至形成较大矾花的过程称为混凝，投加的化学药剂称为混凝剂。关于混凝的机理主要有以下 4 种解释：

1. 压缩双电层机理。

当两个胶粒相互接近时，双电层发生重叠，产生静电斥力。加入的反离子与扩散层原有反离子之间的静电斥力将部分反离子挤压到吸附层中，从而使扩散层厚度减小。由于扩散层减薄，颗粒相互碰撞时的距离减小，相互间的吸引力变大。当颗粒间排斥力与吸引力的合力由斥力为主导变为以引力为主导时，颗粒就能相互凝聚。

2. 吸附电中和机理。

异号胶粒间相互吸引达到电中和而凝聚。大胶粒会吸附许多小胶粒或异号离子，使 ξ 电位降低，吸引力使同号胶粒相互靠近发生凝聚。

3. 吸附架桥机理。

吸附架桥机理是指链状高分子聚合物在静电引力、范德华力和氢键等作用下，通过活性部位与胶粒和微小悬浮物等发生吸附桥连的现象。

4. 网捕和卷扫机理。

采用铝盐或铁盐等高价金属盐作为混凝剂，当其投加量很大时会形成大量的金属氢氧化物沉淀，可以网捕、卷扫水中的胶粒，水中的胶粒以这些沉淀物为核心产生沉淀。这基本上是一种机械作用。

在混凝过程中，上述机理作用往往同时存在，只是在一定情况下以某种现象为主。

混凝剂的种类较多，包括无机混凝剂、有机混凝剂、人工合成混凝剂（阴离子型、阳离子型和非离子型）、天然高分子混凝剂（淀粉、树胶、动物胶）等。

混凝的效果受到以下因素影响。

（1）胶体和微小悬浮物的种类、粒径和浓度。

（2）废水中阳离子和阴离子的浓度。

（3）碱度和 pH。

（4）混凝剂的种类、投加量和投加方式。

（5）搅拌强度和时间。

（6）水温等。

为了提高混凝效果，必须根据水中胶体和微小悬浮物的性质和浓度，正确地控制混凝过程中的工艺条件。混凝搅拌仪（六联搅拌仪）见图 4 - 11。

【实验设备与材料】

1. 六联搅拌仪，浊度计，温度计，pH 试纸。

2. 烧杯，容量瓶，移液管，水桶。

3. 原水水样。

4. 三氯化铁 $FeCl_3 \cdot 6H_2O$（浓度为 10 g/L）。

5. 硫酸铝 $Al_2(SO_4)_3 \cdot 18H_2O$（浓度为 10 g/L）。

6. 聚丙烯酰胺 PAM（浓度为 10 g/L）。

7. 盐酸（质量分数为 10%）。

8. 氢氧化钠（质量分数为 10%）。

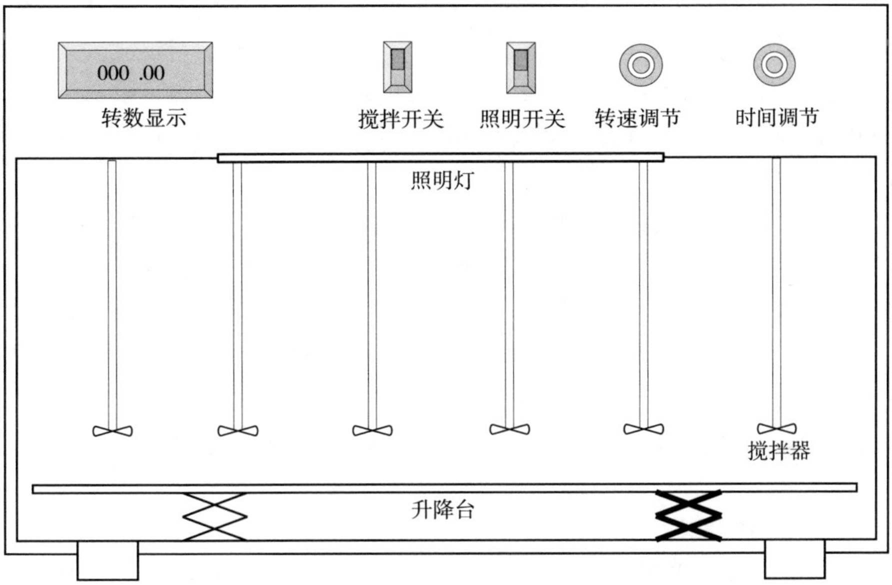

图 4－11　混凝搅拌仪（六联搅拌仪）示意图

【实验内容和步骤】

1. 最佳混凝剂实验。

在三氯化铁 $FeCl_3 \cdot 6H_2O$、硫酸铝 $Al_2(SO_4)_3 \cdot 18H_2O$ 和聚丙烯酰胺 PAM 共 3 种混凝剂中，确定一种最佳效果的混凝剂。

（1）测定原水温度、浊度及 pH，记录在表 4－8 中。

（2）用 3 个 250 ml 烧杯，分别量取 200 ml 水样于烧杯中，将 3 个盛有水样的烧杯置于搅拌器上。

（3）用移液管分别移取 1 ml 的 $FeCl_3 \cdot 6H_2O$、$Al_2(SO_4)_3 \cdot 18H_2O$ 和 PAM，依次投加到盛有水样的各烧杯中。

（4）投药后迅速启动搅拌机，在 150 r/min 的速度下中速搅拌，直到其中一个试样出现矾花，观察矾花，并将矾花形成的时间记录于表 4－8。

（5）搅拌完成后，将水样取下，静止沉淀 10 min。

（6）用注射器吸取杯中清液，分别测定其浊度，结果记录在表 4－8 中。

2. 最佳投药量实验。

（1）采用与上步实验相同的水样，将水样温度、浊度及 pH 记录于表 4－9 中。

（2）用6个250 ml烧杯，分别量取200 ml水样于烧杯中，将6个盛有水样的烧杯置于搅拌器上。

（3）选择“最佳混凝剂实验”中确定的最佳混凝剂作为实验用试剂，用移液管分别移取药液1 ml、2 ml、4 ml、6 ml、8 ml和10 ml，依次投入盛有水样的各烧杯中。

（4）投药后迅速启动搅拌机。在混合阶段，控制转速为300 r/min，快速搅拌30 s；在反应阶段，首先以150 r/min中速搅拌10 min，然后以75 r/min慢速搅拌10 min。

（5）搅拌完成后停机，将水样取下，静沉10 min，观察矾花的形成及沉淀的情况。

（6）用注射器吸取杯中清液，分别测定其pH、浊度，结果记录在表4－9中。

3. 最佳pH实验。

（1）采用与上步实验相同的水样，记录水样温度、浊度于表4－10中。

（2）用6个250 ml烧杯，分别量取200 ml水样于烧杯中。

（3）用浓度为10% HCl或浓度为10% NaOH溶液调整水样的pH。向1～3号水样中分别加入0.2 ml、0.5 ml、1.8 ml的HCl溶液，向4～6号水样中分别加入0.2 ml、0.5 ml、1.8 ml的NaOH溶液，并记录酸或碱的用量于表4－10中。

（4）将6个水样置于搅拌器上，启动搅拌器使得酸或碱与水样混匀，然后停止搅拌，分别测定6个水样的pH，并记录于表4－10中。

（5）按照“最佳投药量实验”中确定的最佳投药量，用移液管分别移取最佳混凝剂，依次投入盛有水样的各烧杯中。

（6）重新启动搅拌机。在混合阶段，控制转速为300 r/min，快速搅拌30 s；在反应阶段，首先以150 r/min中速搅拌10 min，然后以75 r/min慢速搅拌10 min。

（7）搅拌完成后停机，将水样取下，静沉10 min。

（8）用注射器吸取杯中清液，分别测定其浊度，结果记录在表4－10中。

【注意事项】

1. 整个实验采用同一水样，而且取水样时要搅拌均匀，要一次量取，以尽量减少取样浓度上的误差。

2. 要充分冲洗加药管，以免药剂沾在加药管上太多，影响投药量的精确度。

3. 取反应后上清液时，要用相同的条件取，不要把沉下去的矾花搅起来，也不要取到表面的浮渣。

【实验数据处理与分析】

1. 最佳混凝剂实验结果记录见表 4－8。

表 4－8　最佳混凝剂实验记录

原水温度______℃　　　浊度________　　　pH ________

使用混凝剂的种类、浓度____

水样编号	1	2	3
混凝剂名称			
混凝剂加入量（ml）			
矾花形成时间（min）			
沉淀水浊度（NTU）			
备注：　中速搅拌　（min）　转速　（r/min）			

2. 最佳投药量实验结果记录见表 4－9。

表 4－9　最佳投药量实验记录

原水温度________℃　　　浊度________　　　pH ________

使用混凝剂的种类、浓度____

水样编号	1	2	3	4	5	6
混凝剂加入量（ml）						
沉淀水浊度（NTU）						
沉淀水 pH						
备　注	1. 快速搅拌　（min）　转速　（r/min）					
	2. 中速搅拌　（min）　转速　（r/min）					
	3. 慢速搅拌　（min）　转速　（r/min）					
	4. 沉淀时间　（min）					

3. 最佳 pH 实验结果记录见表 4－10。

表 4－10 最佳 pH 实验记录

原水温度________℃ 原水浊度________

使用混凝剂的种类、浓度__________________________

<table>
<tr><td>水样编号</td><td>1</td><td>2</td><td>3</td><td>4</td><td>5</td><td>6</td></tr>
<tr><td>浓度 10% HCl 投加量（ml）</td><td></td><td></td><td></td><td></td><td></td><td></td></tr>
<tr><td>浓度 10% NaOH 投加量（ml）</td><td></td><td></td><td></td><td></td><td></td><td></td></tr>
<tr><td>pH</td><td></td><td></td><td></td><td></td><td></td><td></td></tr>
<tr><td>混凝剂加注量（ml）</td><td></td><td></td><td></td><td></td><td></td><td></td></tr>
<tr><td>沉淀水浊度（NTU）</td><td></td><td></td><td></td><td></td><td></td><td></td></tr>
<tr><td rowspan="4">备 注</td><td colspan="6">1. 快速搅拌 （min） 转速 （r/min）</td></tr>
<tr><td colspan="6">2. 中速搅拌 （min） 转速 （r/min）</td></tr>
<tr><td colspan="6">3. 慢速搅拌 （min） 转速 （r/min）</td></tr>
<tr><td colspan="6">4. 沉淀时间 （min）</td></tr>
</table>

4. 以沉淀水浊度为纵坐标，混凝剂加注量为横坐标，绘制浊度与药剂投加量关系曲线，并从图中求出最佳混凝剂投加量。

5. 以沉淀水浊度为纵坐标，水样 pH 为横坐标绘出浊度与 pH 关系曲线，从图上求出所投加混凝剂的混凝最佳 pH 及其适用范围。

6. 结果讨论及误差分析。

【思考题】

1. 根据实验结果以及实验中所观察到的现象，简述影响混凝效果的几个主要因素。

2. 为什么投药量大时，混凝效果不一定好？

3. pH 是如何影响混凝效果的？

4. 混凝过程的混合阶段和反应阶段对搅拌强度和时间的要求有什么不同？

5. 在实际水处理中混凝工艺用于哪级处理？

实验 23 离子交换树脂的鉴定及交换容量的测定实验

【实验目的】

1. 加深离子交换基本理论及特性的理解。
2. 了解离子交换树脂的类型，并掌握树脂的鉴别方法。
3. 加深对强酸性阳离子交换树脂交换容量的理解。
4. 掌握强酸性阳离子交换树脂交换容量的测定方法。

【实验原理】

离子交换是一类特殊的固体吸附过程，它是由离子交换剂在电解质溶液中进行的。一般的离子交换树脂是一种不溶于水的固体颗粒状物质，是人工合成的有机高分子电解质凝胶，其骨架是由高分子电解质和横键交联物质组成的不规则的空间网状物，上面结合着相当数量的活性离子交换基因，它能够从电解质溶液中吸附某种阳离子或者阴离子，而把本身所含的另外一种相同电性符号的离子等量交换，释放到溶液中去。

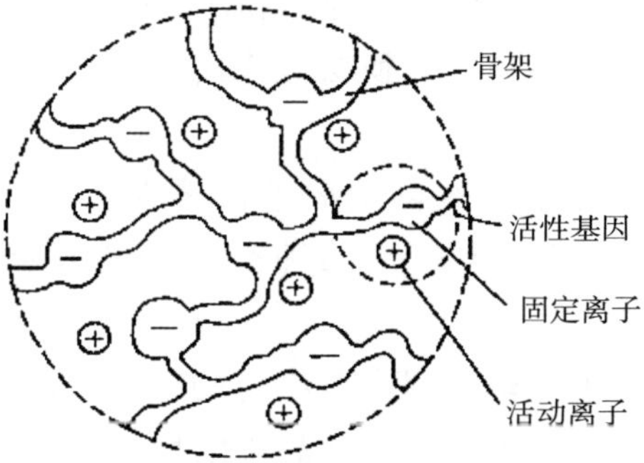

图 4-12 离子交换树脂结构示意图

离子交换树脂按照所交换离子的种类可分为阳离子交换树脂和阴离子交换树脂两种。其中，离子交换树脂按照其离子基因的性质可分为以下两种：

（1）阳离子交换树脂呈酸性，可以分为强酸型（$R-SO_2-H^+$）、弱酸型（$R-COOH^--H^+$、$R-OH^-$）；

（2）阴离子交换树脂呈碱性，可以分为强碱型（$R\equiv N^+OH^-$）、弱碱型（$R\equiv N^+OH^-$、$R=NH_2{}^+OH^-$、$R-NH_3{}^+OH^-$）；

离子交换反应是在两相中进行的，基于等当量交换和可逆反应进行交换和再生。

阴、阳离子交换树脂在交换过程中的反应为：

$$2RH + Ca^{2+} \longrightarrow R_2Ca + 2H^+ \quad (4-2)$$

$$ROH + HCO_3^- \longrightarrow RHCO_3 + OH^- \quad (4-3)$$

阴、阳离子在再生过程中的反应为：

$$R_2Ca + 2H^+ \longrightarrow 2RH + Ca^{2+} \quad (4-4)$$

$$RHCO_3 + OH^- \longrightarrow ROH + HCO_3^- \quad (4-5)$$

离子交换树脂的交换能力有一定的限度，称为离子交换容量。树脂的交换容量用来定量地表示树脂交换能力的大小，是树脂的重要性能指标。树脂的总交换容量一般用滴定法测定。由于受树脂的再生程度、进水中离子的种类和浓度、交换终点的控制、树脂层高度及水流速等因素影响，树脂的实际工作交换容量一般只有总交换容量的60%~70%。

当含一定浓度离子的原水自上而下地通过树脂层时，原水中的离子首先和树脂表层进行离子交换，一旦该层饱和后，就不起交换作用了，交换层就转移到下一层树脂，这时树脂层就分为饱和区、交换区（交换带）和未交换区。在树脂层工作过程中，只有交换层起作用。随着交换带向下推移，交换区逐渐被压缩直至泄漏。

树脂层饱和后，需用酸或碱再生剂进行再生后才能恢复交换能力，树脂的再生效果与再生方式、再生剂的种类、浓度以及再生液流速等因素有关。

离子交换软化法在水处理工程中有广泛的应用。以往离子交换主要应用于水的软化和脱盐，随着离子交换树脂品种的增多和实用技术的发展，离子交换在回收有用物质和处理工业废水中有害物质等诸多方面得到了日益广泛的应用，并且出现了一些定型的处理设备。

强酸性阳离子交换树脂的使用很普遍。如表4－11所示，以强酸性苯乙烯系阳离子交换树脂为例，强酸性阳离子交换树脂的性能参数很多，其中交换容量是交换树脂最重要的性能，它能定量地反映树脂交换能力的大小。

表4-11　强酸性阳离子交换树脂的性能参数表

树脂类型	强酸性苯乙烯系阳离子交换树脂		
项目	参数或描述	项目	参数
外观	棕黄至棕褐色球状颗粒	下限粒度	1%
功能基团	磺酸基	湿视密度	0.77~0.87 g/ml
含水量	45%~53%	湿真密度	1.24~1.28 g/ml
体积全交换容量	1.0 mmol/mL	有效粒径	0.40~0.60 mm
范围粒度	(0.315~1.25 mm)　>95%	磨后圆球率	90%
主要用途	所有水处理的软化、除盐系统		

【实验设备与材料】

1. 电子分析天平（精度0.000 1 g）。
2. 三角烧瓶（250 ml、1 000 ml，各1支）。
3. 容量瓶（1 000 ml，1支）。
4. 碱式滴定管（250 ml，1支）。
5. 酸式滴定管（250 ml，1支）。
6. 滴定台（1套）。
7. 移液管（20 ml、25 ml、50 ml，各1支）。
8. 量筒（20 mL，1支）。
9. 玻璃漏斗（8~12 mm，1个）。
10. 烧杯（1 000 ml）。
11. 细口瓶（500 ml、1 000 ml，各1支）。
12. 纱布、药棉、药勺、滤纸。
13. 试管（30 ml，2支）。
14. 试管架。
15. HCl（1 mol/L）。
16. $CuSO_4$（质量分数10%）。
17. NaOH（0.05 mol/L、1 mol/L）。
18. NH_4OH（5 mol/L）。
19. $CaCl_2$（0.5 mol/L）。
20. 酚酞指示剂（0.1%）。
21. 阴、阳树脂。

22. 广泛试纸。

【实验内容和步骤】

1. 离子交换树脂的鉴定。

（1）阳树脂与阴树脂的分辨。

取2支试管（编号1#、2#），分别取阳树脂和阴树脂各2～3 ml放在试管中，弃掉树脂上附着的水，向两支试管中各加1 mol/L HCl 15 mL，摇动1～2 min后，弃掉上清液，重复操作2～3次，用清水洗2～3次，再向1#、2#试管中加入10% $CuSO_4$溶液5 ml，摇动1～2 min后弃掉上溶液，重复操作2～3次，再用纯水洗2～3次，最后把1#和2#试管进行比色，看颜色是否有变化，记录颜色的变化并填入表4－12中，其中浅绿色的为阳树脂。

（2）强酸性阳树脂和弱酸性阳树脂的分辨。

经过第一步处理后，向树脂变色（浅绿色为阳树脂）的试管加入5 mol/L NH_4OH溶液2 ml，摇动1～2 min后弃掉上溶液，重复操作2～3次，再用纯水洗2～3次，如果树脂颜色加深（深蓝色），则为强酸性阳离子交换树脂。如果颜色不变，则为弱碱性阴树脂，记录颜色变化并填入表4－12中。

（3）强碱性阴树脂和弱碱性阴树脂的分辨。

经过第一步处理后，向树脂不变色的试管加入1 mol/L NaOH溶液5 ml，摇动1～2 min后弃掉上溶液，重复操作2～3次，再用纯水洗2～3次，加5滴酚酞，摇动1～2 min后弃掉上溶液，经洗涤，如果树脂呈粉红色，则为强碱性阴树脂，记录颜色变化填入表4－12中。

表4－12　离子交换树脂的鉴定记录表

树脂名称	树脂颜色变化
强酸性树脂	
弱酸性树脂	
强碱性树脂	
弱碱性树脂	

2. 强酸性阳离子交换树脂总交换容量的测定。

（1）精确称取干燥强酸性阳树脂1 g，放在漏斗滤纸内，将漏斗插在1 L的三角烧瓶内。

（2）将1 mol/L HCl溶液100 mL，缓慢倒入漏斗内进行过滤（或动态交换），使全部树脂都转成 H^+ 型。

（3）用纯水清洗树脂及滤纸，并经常用 pH 试纸检验，直到滤下液的 pH =7。

（4）将漏斗移到另一个用清水洗过的 1 L 容量瓶内。

（5）用 0.5 mol/L $CaCl_2$ 溶液 200 ~ 300 ml，缓慢加入漏斗内进行过滤交换，将全部 H^+ 置换到滤下液中，并用 pH 试纸经常检查滤液 pH，直到滤下液 pH =7。

（6）加纯水至 1 L，充分混合即可。

（7）用三角烧杯量取 50 ml 上述混合液，以酚酞为指示剂，用 0.05 mol/L NaOH 溶液进行中和滴定，重复滴定 3 ~ 5 次取平均值，并记录 NaOH 用量，填入表 4 – 13。

【实验数据处理与分析】

强酸性阳离子交换树脂总交换容量 E 按下式计算：

$$E = \frac{c \cdot V}{1\,000W}（干树脂） \quad (4-6)$$

式中：c——NaOH 标准溶液的摩尔浓度，mol/L；

V——NaOH 标准溶液的用量，ml；

W——样品湿树脂重，g。

表 4 – 13　实验记录

树脂质量干重/g	NaOH 用量/ml			
	第一次	第二次	第三次	平均值

【思考题】

1. 离子交换有什么特性？

2. 进行树脂类型的鉴定时，用纯水冲洗的目的是什么？

3. 为什么要测定离子交换树脂的交换容量？

4. 测定强酸性阳离子交换树脂的交换容量时，为什么要用 NaOH 溶液进行滴定？

5. 写出与本实验有关的化学反应方程式。

实验 24 活性炭吸附实验

【实验目的】

1. 了解活性炭吸附工艺。

2. 了解并掌握测定吸附等温线的操作过程。

【实验原理】

活性炭吸附就是利用活性炭固体表面对水中一种或几种物质的吸附作用，达到净化水质的目的。活性炭对水中所含杂质的吸附既有物理吸附也有化学吸附。

当活性炭对水中所含物质吸附时，水中的溶解性物质在活性炭表面积聚而被吸附，同时也有一些被吸附物质由于分子的运动而离开活性炭表面，重新进入水中，即同时发生解吸现象。当吸附与解吸处于动态平衡状态时，称为吸附平衡。而此时被吸附物质在溶液中的浓度称为平衡浓度。活性炭的吸附能力用吸附量 q_e表示，用 m g 活性炭吸附溶液中的溶质，被吸附的溶质为 x mg，则吸附量 q_e可按下式计算：

$$q_e = \frac{x}{m} = \frac{(C_0 - C_e)V}{m} \tag{4-7}$$

式中：q_e——平衡吸附量，mg/g；

C_0与 C_e——分别为吸附质的初始浓度与平衡浓度，mg/L；

V——溶液的体积，L；

m——所用的活性炭的质量，g。

q_e的大小除了取决于活性炭的品种之外，还与被吸附物质的性质、浓度、水的温度及 pH 有关。一般来说，当被吸附的物质不容易溶解于水而受到水的排斥作用，且活性炭与被吸附物质的作用力较强、被吸附物质的浓度又较大时，q_e值就比较大。

由吸附量 q_e与平衡浓度 C_e 的关系所绘出的曲线称为吸附等温线，表示吸附等温线的公式称为吸附等温式，比较常用的吸附等温式有 Langmuir 、BET 与 Freundlich 吸附等温式。

在水与废水处理中通常用 Freundlich 吸附等温式来比较不同温度与不同溶液浓度时的活性炭的吸附容量，即

$$q_e = KC^{\frac{1}{n}} \tag{4-8}$$

式中：q_e——吸附容量，mg/g；

K——与吸附比表面积、温度有关的系数；

n——与温度有关的常数，$n>1$；

C——吸附平衡时的溶液浓度，mg/L。

这是一个经验公式，通常用图解方法求出 K 和 n 的值 。为了方便易解，往往将式（4－8）变换成线性对数关系

$$\lg q_e = \lg \frac{C_0 - C}{m} = \lg K + \frac{1}{n}\lg C \tag{4-9}$$

式中：C_0——水中被吸附物质的原始浓度，mg/L；

C——被吸附物质的平衡浓度，mg/L；

m——活性炭投加量，g/L。

【实验设备与材料】

1. 间歇式活性炭吸附装置，间歇式吸附采用三角烧瓶，在烧瓶内放入活性炭与水样进行振荡。

2. 振荡箱。

3. 天平。

4. 烘箱。

5. 分光光度计。

6. 注射器、塑料滤头、滤膜等。

7. 活性炭。

【实验内容和步骤】

1. 标准曲线的绘制。

向 6 个 50 ml 比色管中分别加入 0、0.2 ml、0.4 ml、0.6 ml、0.8 ml、1.0ml 浓度为 250 mg/L 亚甲基蓝标准溶液，用蒸馏水稀释至刻度，摇匀后在 660 nm 波长处 ，以蒸馏水为参比测定吸光度。以亚甲基蓝浓度为横坐标，吸光度为纵坐标，绘制亚甲基蓝标准曲线。

2. 间歇式吸附实验。

（1）将活性炭放在蒸馏水中浸泡 24 h，然后在 105℃烘箱内烘 24 h，再将烘干的活性炭研碎，将其制成能通过 200 目以下筛孔的粉状活性炭。因为粒状活性炭要达到吸附平衡耗时较久，为了使实验能在短时间内结束，所以采用粉状炭。

（2）在 6 个锥形瓶中分别加入 0.01～0.15 g（如 0.01 g、0.03 g、0.05 g、

0.07 g、0.1 g，0 g.15 g）不同量的粉状活性炭。

（3）在每个锥形瓶中加入50ml的亚甲基蓝模拟废水。

（4）将上述6个锥形瓶放在振荡箱内振荡，温度控制在20℃，振荡速度为100～150 r/min，振荡40 min后取出锥形瓶（近似认为达到吸附平衡）。

（5）过滤锥形瓶中的废水，测定其浓度，求出吸附量。实验记录表见表4－14。

表4－14　间歇式活性炭吸附实验记录表

编号	活性炭的投加量 m（g）	水样体积 V（mL）	原水浓度 C_0（mg/L）	平衡后的浓度 C（mg/L）	吸附量 $(C_0-C) \times V/m$
1					
2					
3					
4					
5					
6					

【实验数据处理与分析】

1. 根据表4－14记录的数据，由式（4－7）计算吸附量。以 C 为横坐标，q_e 为纵坐标做吸附等温线。

2. 根据式（4－9），以 $\lg q_e$ 为纵坐标，$\lg q_e$ 为横坐标，求出Freundlich公式中的常数 K、n 值。

【思考题】

1. 为什么要将活性炭磨细？其吸附能力及吸附速度与原状活性炭是否相同？

2. 吸附等温线有何实际意义？

实验 25　离子交换软化除碱和除盐实验

【实验目的】

1. 加深离子交换基本理论的理解。
2. 了解并掌握离子交换设备的操作。
3. 熟悉离子交换软化除碱和除盐的过程。
4. 熟悉水的硬度、碱度的测定方法。

【实验原理】

离子交换是一种特殊的固体吸附过程，它是由离子交换树脂在电解质溶液中进行的。一般的离子交换树脂是一种不溶于水的固体颗粒状物质，它能够从电解质溶液中吸附某种阳离子或者阴离子，而把本身所含的另外一种相同电性符号的离子等量交换，释放到溶液中去。按照所交换离子的种类，离子交换树脂可分为阳离子交换树脂和阴离子交换树脂两大类。

阳离子交换树脂，是以钠离子（Na^+型）或氢离子（H^+型）置换溶液中的阳离子。离子的交换吸附能力，在其他条件相同时，交换能力大小顺序为：

强酸性阳离子树脂：$Fe^{3+} > Cr^{3+} > Al^{3+} > Ca^{2+} > Mg^{2+} > K^+ > NH_4^+ > Na^+ > H^+ > Li^+$；

强碱性阴离子树脂：草酸离子 > 柠檬酸离子 > $PO_4^{3-} > SO_4^{2-} > Cl^- > NO_3^-$。

离子交换软化就是利用H^+型和Na^+型离子交换树脂对含有硬度离子的水进行处理。含有Ca^{2+}等杂质的原水流经离子交换树脂层，水中的Ca^{2+}等首先与树脂上的可交换离子进行交换，最上层的树脂层首先失效。随着时间的推移，失效树脂层逐渐往下推移，直到所有树脂层都饱和。原水经过离子交换树脂床的交换处理后，硬度离子被去除，而使水得到软化。其交换过程可表示如下（以H^+型树脂和Ca^{2+}离子为例）：

$$2RH + Ca^{2+} \longrightarrow R_2Ca + 2H^+ \tag{4-10}$$

在工业废水处理的实际应用中，为防止处理出水中含有过多的H^+而使出水产生腐蚀性，常常采用树脂转型的方法使H^+型树脂变成Na^+型树脂，其反应过程可表示为：

$$2RNa + Ca^{2+} \longrightarrow R_2Ca + 2Na^+ \tag{4-11}$$

如果既需要软化水的硬度又需要降低水的碱性，则可将 H^+ 型和 Na^+ 型离子交换柱串联使用。

利用阴、阳树脂共同工作是目前制取纯水的基本方法之一。阳树脂自身可交换的 H^+ 离子与水中阳离子交换，去除阳离子。阴树脂官能团中的 OH^- 离子与水中阴离子交换，这样把两种交换柱串联起来，就能够有效地去除水中绝大部分离子，从而达到除盐的目的。水中所含阴、阳离子的多少，直接影响溶液的导电性能，经阴、阳离子树脂交换后的出水，离子的含量很少，在工业用水测定时，常常用水的导电率来表示离子交换出水的水质。

离子交换树脂床经过一段时间的使用发生失效后，阳离子交换树脂一般可用 HCl 或 NaCl 溶液进行再生，使其还原为 H^+ 型或 Na^+ 型树脂，恢复其交换能力。阴离子交换树脂一般用 NaOH 或 NH_4OH 溶液进行再生。

【实验设备与材料】

1. 离子交换除碱实验装置（图 4－13）。

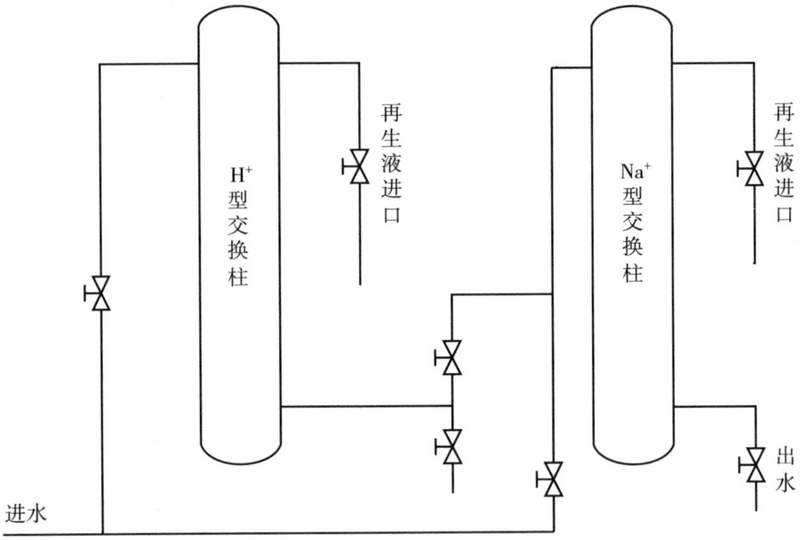

图 4－13　离子交换除碱实验装置

2. 离子交换除盐实验装置（图 4－14）。

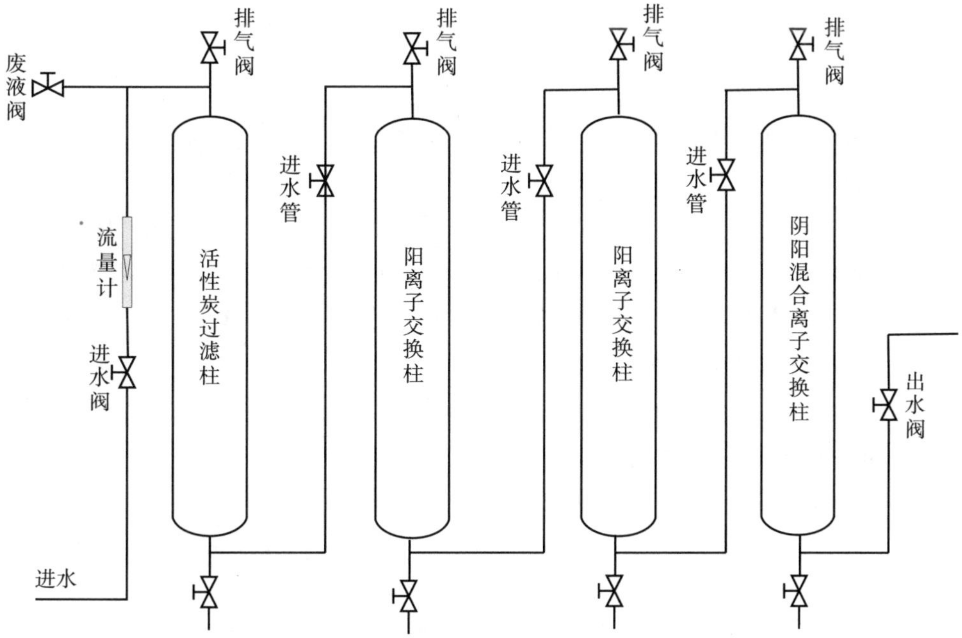

图 4－14　离子交换除盐实验装置

3. 酸度计（1 台）。
4. 电导率仪（1 台）。
5. 滴定管、架（50 ml 酸式、50 ml 碱式，各 1 套）。
6. 量筒（100 ml、10 ml，各 1 个）。
7. 烧杯（500 ml、50 ml，各 1 个）。
8. 容量瓶（500 ml、50 ml，各 1 个）。
9. 三角烧瓶（250 ml，2 个）。
10. 移液管（50 ml、25 ml，各 1 支）。
11. EDTA 标准溶液（0.05 mol/L）。
12. pH＝10 缓冲溶液（0.05 mol/L）。
13. 铬黑 T 指示剂。
14. HCl（0.1 mol/L）。
15. 酚酞指示剂（1%）。
16. 甲基橙指示剂（0.05%）。

【实验内容和步骤】

1. 离子交换软化除碱实验。

（1） 碱度的测定。

① 用移液管取水样 50 ml，注入 250 ml 锥形瓶中，加入酚酞指示剂2 滴，若此时水样颜色不变红色，则不必用标准盐酸溶液滴定，即 $P=0$ 表示没有 OH^- 及 CO_3^{2-}，仅有 HCO_3^- 存在，可省去步骤 ②，直接按步骤 ③、④ 进行。

②若水样颜色变为红色，用 0.1 mol/L HCl 溶液滴定，至颜色刚褪为止，记录 HCl 溶液的用量 P ml，这时 $V_{(OH^-)}=P$，记录在表 4－15 中。

③ 加入甲基橙指示剂 2 滴。

④ 如水样颜色变为黄色，再用 0.1 mol/L HCl 溶液滴定，至颜色刚变为黄色为止，记录 HCl 溶液的用量 M ml，记录在表 4－15 中。

（2） 硬度的测定。

① 用移液管移取水样 50 ml，注入 250 ml 锥形瓶中，加蒸馏水 50 ml。

② 在水样中加入 5 ml 缓冲溶液，并加入 2 滴铬黑 T 指示剂。

③ 用 EDTA 二钠盐标准溶液滴定，直至溶液颜色由酒红色变为蓝色，记录 EDTA 二钠盐标准溶液的用量 V_{EDTA}。

表 4－15 离子交换软化除碱实验记录

编号	交换柱	交换速度（m/h）	总硬度（mg/L）	碱度（mg/L）	碳酸盐硬度（mg/L）	非碳酸盐硬度（mg/L）	pH
1	H^+						
	Na^+						
2	H^+						
	Na^+						
3	H^+						
	Na^+						
4	H^+						
	Na^+						
5	原水水质						

2. 离子交换除盐实验。

（1） 测定原水水质（硬度、pH、电导率），记录在表 4－16 中。

（2）交换流速设为 15 m/h，阳柱出水依次通入阴柱、混合柱，10 min 后分别测定阳柱出水的 pH、电导率、硬度，阴柱出水的 pH、电导率及混合柱出水的 pH、电导率，结果记录在表 4－16 中。

表 4－16　离子交换除盐实验记录

硬度（mg/L）	阳离子交换柱		阴离子交换柱		阴阳离子混合交换柱	
	pH	电导率（μS /cm）	pH	电导率（μS/cm）	pH	电导率（μS/cm）

【实验数据处理与分析】

1. 碱度计算。

$$\text{总碱度}/(\text{mol/L}) = \frac{T \cdot c}{\text{水样体积}} \tag{4-12}$$

式中：T——HCl 用量，$T = P + M$，ml；

c——HCl 标准溶液浓度，mol/L。

2. 硬度计算。

$$\text{总硬度}/(\text{mol/L}) = \frac{V \cdot c}{\text{水样体积}} \tag{4-13}$$

式中：V——EDTA 标准溶液体积，ml；

c——EDTA 标准溶液浓度，mol/L。

【思考题】

1. 根据实验结果，关于离子交换软化除碱系统可以得出什么结论？
2. 离子交换除盐实验中，阳离子交换柱采用的是 Na^+ 型还是 H^+ 型？为什么？
3. 离子交换除盐实验中，pH 如何变化？对电导率有什么影响？
4. 出现树脂中毒时有什么现象？应采取什么措施？
5. 怎样预防树脂中毒？

研究性实验

实验 26　电渗析除盐实验

【实验目的】

1. 了解电渗析除盐实验装置的构造及工作原理。

2. 熟悉电渗析配套设备，学习电渗析除盐实验装置的操作方法。

3. 掌握电渗析法除盐技术，求脱盐率及电流效率。

【实验原理】

电渗析除盐实验是在外加直流电场的作用下，利用离子交换膜的选择透过性（即阳膜只允许阳离子透过，阴膜只允许阴离子透过），使水中阴、阳离子做定向迁移，从而达到离子从水中分离的目的。

电渗析除盐原理如图 4－15 所示。在电渗析装置内，阴极和阳极之间，将阳膜与阴膜交替排列，并用特制的隔板将这两种膜隔开，隔板内有水流的

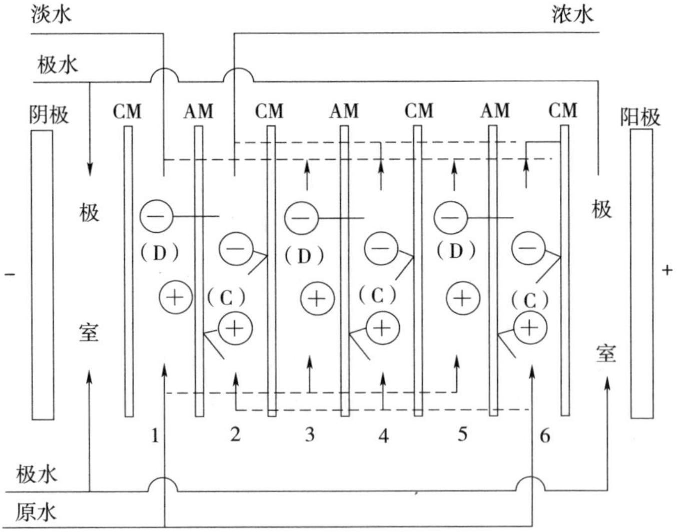

注：CM—阳膜；AM—阴膜；C—浓水隔板；D—淡水隔板

图 4－15　电渗析除盐原理图

通道。进入淡室的含盐水，在两端电极接通直流电源后，即开始发生电渗析的过程，水中阳离子不断透过阳膜向阴极方向迁移，阴离子不断透过阴膜向阳极方向迁移，最终使得含盐水逐渐变成淡化水。而进入浓室的含盐水由于阳离子在向阴极方向迁移中不能透过阴膜，阴离子在向阳极方向迁移中不能透过阳膜，于是，含盐水因不断增加由临近淡室迁移透过的离子而变成浓盐水。这样，在电渗析实验装置中生成了淡水和浓水两个系统。与此同时，在电极和溶液的界面上，通过氧化、还原反应，电子与离子之间发生转换，即电极反应。以食盐水为例，在阴、阳极分别发生如下反应：

阴极还原反应：$H_2O \longrightarrow H^+ + OH^-$　　(4 - 14)

$$2H^+ + 2e \longrightarrow H_2\uparrow \quad (4-15)$$

阳极氧化反应：$H_2O \longrightarrow H^+ + OH^-$　　(4 - 16)

$$4OH^- \longrightarrow O_2\uparrow + 2H_2O + 4e \text{ 或 } 2Cl^- \longrightarrow Cl_2\uparrow + 2e \quad (4-17)$$

因此，在电渗析装置中，阴极不断排出氢气，阳极不断有氧气或氯气放出。在阴极室溶液呈碱性，当水中含有 Ca^{2+}、Mg^{2+}、HCO_3^- 等离子时，会生成 $CaCO_3$ 和 $Mg(OH)_2$ 水垢，依附在阴极上；而阳极室溶液则呈酸性，对电极造成强烈的腐蚀。

在电渗析过程中，电能的消耗主要用来克服电流通过溶液、膜时所受到的阻力以及进行电极反应。运行时，处理水不断地流入交替相间的隔室，这些隔室是被阴、阳交换膜交替格隔开的，在外加直流电场的作用下，原水中的阴、阳离子在水中发生定向迁移，最终形成淡水室和浓水室，淡水室出水即为淡化水，浓水室出水即为浓盐水。

【实验设备与材料】

1. 电渗析装置 1 套（包括原水箱、进水泵、电渗析器、电源、漏电保护开关等）。

2. 分析仪器：电导率仪、酸度计、分析天平、烧杯、量筒、容量瓶。

3. 实验用试剂：氯化钠。

【实验内容和步骤】

1. 在实验前，必须掌握处理装置的所有设备、连接管路的作用及相互之间的关系，了解其工作原理。在此基础上方可开始装置的启动和运行。

2. 向原水箱中加入其体积约一半的水样（含盐量 35 mmol/L，用自来水、

NaCl 配制），并测定原水样的电导率。

3. 启动进水泵，调节流量阀使得流量为 50 L/h，运行 3 ~ 5 min 后接通直流电源，电流表显示出工作电流，记录该电流值与相应的电压值。

4. 每隔 5 min，测定两个出口水样的电导率（测定 3 次，求其平均值），连续运行 30 min，同时记录整个过程中的电流大小，并判断淡水口和浓水口。

5. 改变不同的流量，重复操作 4。

6. 实验完成后，先关电渗析器的直流电源，后停泵停水。

【注意事项】

1. 实验时每隔 15 min，将正负电极对调，以防交换膜两侧生产水垢和水发生电离。

2. 实验刚开始出水有气泡产生，待稳定后再测量数据。

3. 开始运行时应先通水后通电，操作结束时要先停电后停水。

【实验数据处理与分析】

1. 记录实验设备和操作的基本参数。

实验日期：________年____月____日

电流范围：

电压范围：

水样来源：

水箱及电渗析膜尺寸：

电导率仪型号：

2. 实验结果记录见表 4 – 17。

表 4 – 17 实验数据记录表

流量 项目	50 L/h				100 L/h				200 L/h			
原水	电导率		电流	电压	电导率		电流	电压	电导率		电流	电压
5min	1#电导率	2#电导率	电流	电压	1#电导率	2#电导率	电流	电压	1#电导率	2#电导率	电流	电压
10 min	1#电导率	2#电导率	电流	电压	1#电导率	2#电导率	电流	电压	1#电导率	2#电导率	电流	电压
15 min	1#电导率	2#电导率	电流	电压	1#电导率	2#电导率	电流	电压	1#电导率	2#电导率	电流	电压

续表

项目＼流量	50 L/h				100 L/h				200 L/h			
原水	电导率		电流	电压	电导率		电流	电压	电导率		电流	电压
20 min	1#电导率	2#电导率	电流	电压	1#电导率	2#电导率	电流	电压	1#电导率	2#电导率	电流	电压
25 min	1#电导率	2#电导率	电流	电压	1#电导率	2#电导率	电流	电压	1#电导率	2#电导率	电流	电压
30 min	1#电导率	2#电导率	电流	电压	1#电导率	2#电导率	电流	电压	1#电导率	2#电导率	电流	电压

3. 脱盐率的计算。

脱盐率是指去除的盐量与进水含盐量之比，即

$$\text{脱盐率} = \frac{c_0 - c_t}{c_0} \times 100\% \tag{4-18}$$

式中：c_0、c_t——进水和 t 时刻出水的含盐浓度，mmol/L；其浓度可通过电导率－浓度标准曲线求得。

4. 电流效率的计算。

电渗析器的电流效率是指单位时间实际脱盐量与理论脱盐量的比值，即：

$$\text{电流效率}\ \eta = \frac{q(c_0 - c_t)F}{1\ 000\ I} \times 100\% \tag{4-19}$$

式中：q——一个淡室（相当于一对膜）的出水量，L/s；

I——电渗析装置的实际操作电流，A；

F——法拉第常数，$F = 96\ 500$ C/mol。

【思考题】

1. 水中的阴、阳离子是怎样迁移的？
2. 电渗析装置结构包括哪些部分？
3. 电渗析法除盐与离子交换法除盐各有何优点？适用性如何？
4. 讨论说明实验过程中正负电极对调的作用。

第五篇

水污染控制工程实验

基础性实验

实验 27　颗粒的絮凝沉淀实验

【实验目的】

1. 了解絮凝沉淀特点和规律。

2. 掌握絮凝沉淀实验方法和实验数据整理方法。

3. 通过实验加深对絮凝沉淀的概念、特点的理解。

4. 能够利用实验数据绘制絮凝沉淀曲线，并掌握通过去曲线求某一时间某一深度的颗粒总去除率。

【实验原理】

当悬浮物质量浓度在 700 mg/L 以下，在沉淀过程中颗粒间可能会因相互碰撞而产生絮凝作用。水处理中经常遇到的沉淀多属于颗粒絮凝沉淀，即在沉淀过程中，颗粒的大小、形状和密度都有所变化。随着沉淀深度和时间的增长，沉速越来越快，因此颗粒沉速实际上也是变化的。而我们所说的絮凝沉底颗粒沉速，是指颗粒沉淀平均速度。絮凝颗粒的沉淀轨迹是一条曲线，难以用数学方式来表达，只能用实验的数据来确定必要的设计参数。

实验装置可由 5 ~ 6 个直径为 150 ~ 200 mm、高为 2. 0 ~ 2. 5 m 的沉淀柱组成，如图 5 - 1 所示。每个沉淀柱在高度方向每隔 500 ~ 600 mm 开设一个取样口，沉淀柱上共设 4 个取样口，沉淀柱上部设有溢流孔（没有条件的地方也可在一个沉淀柱中进行）。将已知悬浮物浓度 ρ_0 及水温的水样注入沉淀柱，搅拌均匀后，开始计时，间隔一定时间，如 20 min、40 min、60 min……分别在多个沉淀柱的每个取样口同时取样（如果只有一个沉淀柱，就每隔一定时间间隔，同时在各取样口取样）50 ~ 100 ml，测各水样的悬浮物浓度，并利用下式计算各水样的去除率，即

$$\eta = \frac{\rho_0 - \rho_i}{\rho_0} \times 100\% \qquad (5-1)$$

由计算出的数据绘制出絮凝沉淀的去除率曲线，即在以取样口高度（m）为纵坐标，以取样的时间（min）为横坐标，建立直角坐标系，将同一沉淀时

间、不同深度的去除率标于其上，然后把去除率相等的各点连成去除率曲线。

在平流沉淀池中，颗粒沉淀轨迹是一条曲线，而不同于自由沉淀的直线运动。在沉淀池内，颗粒去除率不仅与颗粒沉速有关，而且还与沉淀有效水深有关。因此沉淀柱不仅要考虑器壁对悬浮物沉淀的影响，还要考虑柱高对沉淀效率的影响。

静沉中絮凝沉淀颗粒去除率的计算基本思想与自由沉淀一致，但方法有所不同。自由沉淀采用累计曲线计算法，而絮凝沉淀采用的是纵深分析法，T 时间内颗粒去除率按下式计算

$$\eta = \eta_1 + \frac{H_1}{H_0}(\eta_2 - \eta_1) + \frac{H_2}{H_0}(\eta_3 - \eta_2) + \cdots \frac{H_{n-1}}{H_0}(\eta_n - \eta_{n-1}) \quad (5-2)$$

式中：η——沉降高度为 H、沉降时间为 T 时沉淀柱中颗粒的总去除率；

η_1——沉降时间为 T 时，沉降高度 H 处颗粒的去除率；

H_0——沉淀高度（0、H_3、H_2、H_1、H_0），由水面向下量测；

H_i——沉淀时间 T 对应各等效率曲线间中点的高度（H_1，H_2，…，H_n）。

本实验的装置如图 5－1 所示。

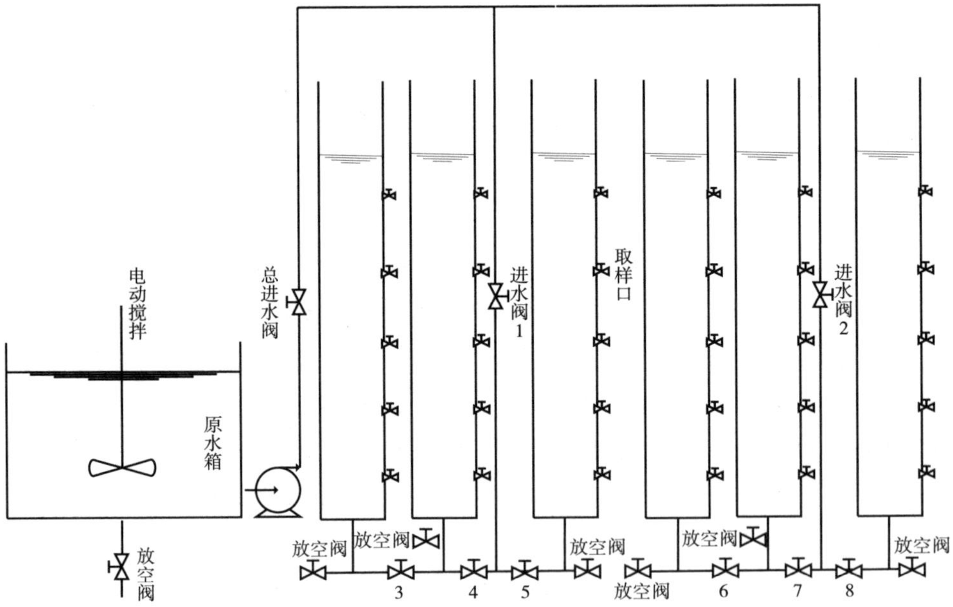

图 5－1　絮凝沉淀装置

【实验设备与材料】

1. 实验用装置（6 个直径 ϕ =150 mm，高 H = 2.5 m 的沉淀柱）、污水箱、水泵。

2. 分析天平（1/10 000）

3. 取样设备（自备）：定时器、烧杯、移液管、磁盘等。

4. 悬浮物分析所需设备及用具（自备）：带盖称量瓶、干燥皿、烘箱等。

5. 水样（自备）：城市污水或人工配水等。

【实验内容和步骤】

1. 将欲测水样倒入进水槽进行搅拌，待搅拌均匀后，取样测定原水悬浮物浓度 ρ_0。

2. 开启水泵及各沉淀池的进水阀，依次向沉淀柱中注入水样。注意，在注水时，要保持进水流速适中，流速过快或过慢都会产生不良影响。流速过慢会造成悬浮物絮凝沉淀，而流速过快会造成紊流，影响实验效果。当水位达到溢流孔时，停止进水，并开始计时。

3. 沉淀柱的沉淀时间分别是 20 min、40 min、60 min、80 min、100 min、120 min。

4. 当达到各柱的沉淀时间时，沿柱面自上而下依次在每个取样口取样 100 ml，测定水样悬浮物浓度 S。

将实验数据记入表 5－1，计算结果记入表 5－2。

表 5－1　絮凝沉淀实验数据记录表

柱号	沉淀时间（min）	取样点编号	SS（mg/L）		SS 平均值（mg/L）	取样点水深（m）
1	20	1－1				
		1－2				
		1－3				
		1－4				
		1－5				
2	40	2－1				
		2－2				
		2－3				
		2－4				
		2－5				

续表

柱号	沉淀时间（min）	取样点编号	SS（mg/L）		SS 平均值（mg/L）	取样点水深（m）
3	60	3－1				
		3－2				
		3－3				
		3－4				
		3－5				
4	80	4－1				
		4－2				
		4－3				
		4－4				
		4－5				
5	100	5－1				
		5－2				
		5－3				
		5－4				
		5－5				
6	120	6－1				
		6－2				
		6－3				
		6－4				
		6－5				

【注意事项】

1. 沉淀柱进水时，水流速度要适中，既要防止悬浮物由于进水速度过慢而絮凝沉淀，又要防止由于进水速度过快，沉淀开始后柱内还存在紊流，影响沉淀效果。

2. 由于同时从每个柱的 4 个取样口取样，人员分工、烧杯编号等准备工作要做好，以便能在较短的时间内从上至下准确地取出并记录水样。

3. 测定悬浮物浓度时，一定要注意两平行水样的均匀性。

4. 注意观察，描述颗粒沉淀过程中的自然絮凝作用以及沉速的变化。

【实验数据处理与分析】

1. 实验基本参数整理

实验日期________年____月____日 水样性质及来源

沉淀柱直径 $D=$ ______________　　　柱高 $H=$ ________________

水温________ ℃　　　　　　　　原水悬浮物浓度 ρ_0________（mg/L）

绘制沉淀柱及管路连接图

2. 实验数据整理。将实验数据进行整理，并计算各取样点的去除率填在各取样点的坐标上。

3. 在以沉淀时间 T 为横坐标，以深度 H 为纵坐标，将取样各点的去除率填在各取样点的坐标上。

4. 在上述基础上，用内插法绘制等去除率曲线。η 最好是以 5% 或 10% 为一间距，如 25%、35%、45% 或 20%、25%、30%。

5. 选择某一有效水深 H，过 H 做 x 轴平行线与各去除率线相交，再根据（式 5－2）计算不同沉淀时间的总去除率。

6. 以沉淀时间 t 为横坐标，η 为纵坐标，绘制不同有效水深 H 的 $\eta \sim H$ 关系曲线及 $\eta \sim u$ 曲线。

表 5－2　各取样点悬浮物去除率 η 值计算表

沉淀柱	1	2	3	4	5	6
沉淀时间（min）／沉淀水深（m）	20	40	60	80	100	120
0.25						
0.5						
0.75						
1						
1.25						
1.5						

【思考题】

1. 简述絮凝沉淀的概念及特点。

2. 观察絮凝沉淀现象，并叙述与自由沉淀现象有何不同，实验方法有何区别。

3. 实际工程中，颗粒在哪些构筑物中属于絮凝沉淀?

4. 简述絮凝沉淀曲线的含义及其应用。

实验 28　生物转盘实验

【实验目的】

1. 通过实验进一步了解生物转盘构造及净水原理。

2. 掌握生物转盘处理系统的特性。

【实验原理】

生物转盘也是利用生物膜净化污水的一种设备，20 世纪 60 年代在德国被率先使用。

生物转盘是由许多水平圆盘垂直固定在一个水平转轴上，水平转轴通过圆盘的中心。转轴置于液面上，面盘片 40% ~ 50% 应浸于水中，盘片的存在大大增加了生物处理的表面积。如图 5 - 2 所示。

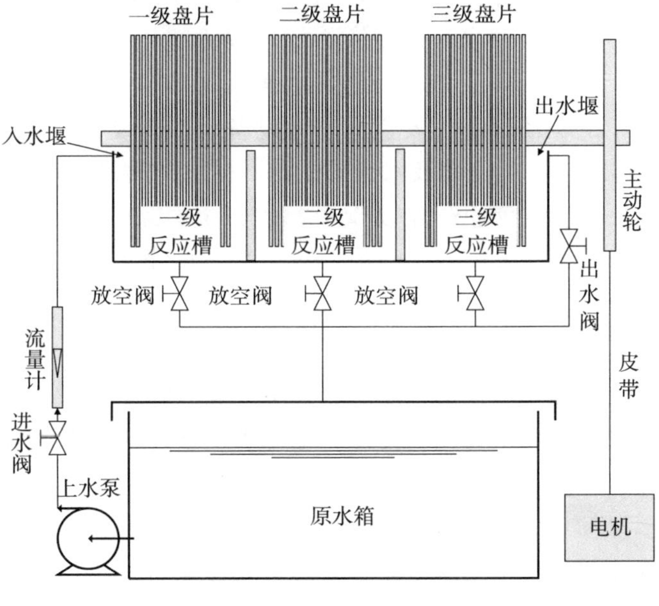

图 5 - 2　生物转盘装置图

生物转盘的净水机理主要依据与污水生物膜法处理的有关理论。生物膜的构型主要以附着水层、好氧层及厌氧层为主。生物转盘在转动装置的驱动下，在接触反应槽中以最低的线速度转动。暴露于空气中的盘片部分利用其所吸附的水层，不断从空中吸收氧，使水膜中的氧处于过饱和状态，并将其传递到生物膜和污水中；而污水中的有机物则通过吸附水层传递给生物膜上的微生物，并被其代谢所降解。代谢产物中的液体如 H_2O，则通过吸附水层进入水体排走，气体如 CO_2 等，则透过吸附水层进入空气。同样随着生物膜的增长和厌氧层的增长，生物膜不断地“老化”，在盘片随转轴转动与污水之间形成的剪力作用下，老化膜脱落，生物膜得到更新。

本实验模型是由三级盘片构成的生物转盘，污水依次通过三级反应槽被逐步降解，最终经出水堰排出。

1. 转盘一般是由塑料制成的，为直径在 2.0 ~ 23.6 m 的圆形盘片，盘片间距离通常为 20 ~ 35 mm。

2. 接触反应槽通常为与盘体外形尺寸相吻合的半圆形，底部设有排泥、放空管，两侧设有进出水设备，大型槽体由钢筋混凝土制成，中、小型槽体也可以用钢板焊制。

3. 转动轴是支撑盘片并带动其转动的重要部件，轴两端要装到固定在氧化槽两端的支架上，转轴通常采用实心钢轴或无缝钢管，转轴长度为 0.5 ~ 7.0 m，直径为 50 ~ 80 mm，轴心与槽内水面距离不宜小于 150 mm。

4. 生物转盘的驱动装置主要包括动力设备、减速设备、链条等。动力设备主要有机械传动、空气传动及水力传动等。转盘的转动速度是重要的参数，必须科学设置，一般转盘的转速以 0.8 ~ 3.0 r/min 为宜。在实际工程中，要求机组生物转盘串联分级运行，一般要求级数不应小于三级，以达到更好的处理效果。

生物转盘在工艺上的特征：

1. 应用面广，适用于生活污水和多种工业废水的处理。

2. 处理水净化程度高，出水清澈。如四级生物转盘对生活污水进行处理，处理后水中的 BOD 值可达到 95% 以上。

3. 维护管理简单，动力费用低，噪声低，无盘面堵塞现象。

4. 相对于生物滤池卫生条件好，无恶臭及苍蝇。

5. 运行比较灵活，可以通过转盘转速来调节微生物与污水的接触时间及曝气强度。

6. 运行稳定，内冲击负荷能力强。BOD 值在 1 000 mg/L 以上的超高浓度有机废水及 10 mg/L 以下的超低浓度有机废水均可处理。

7. 生物膜的培养快，成熟时间短，通常在 7 ~ 10 d 内即可完成。

8. 产泥量少，污泥沉淀性能好，易于泥水分离。

9. 容易受低温条件影响。

10. 不适宜处理含有毒挥发性气体的工业废水。

【实验设备及材料】

1. 生物转盘模型。

2. 空压机、水箱、水泵、转子流量计。

3. 温度计。

4. 广泛 pH 试纸。

5. 测 COD 所用试剂。

6. 水样（生活污水或自行配制水样）。

【实验内容和步骤】

1. 生物膜的培养最好采用接种培养法，即将运行良好的污水处理厂曝气池内活性污泥与水样混合后注入接触反应槽内，运转生物转盘，一天更换 1～2 次原水。由于原水中含有足够的营养物质和微生物，一般情况下在 7d 左右，生物转盘盘片上就会形成生物膜，待生物膜上的细菌及微型动物所组成的生态系统达到平衡，且有了一定降解有机物的能力后便可投入试验。

2. 将水样注入水箱，开启水泵及空压机，调整转子流量计给定适当的流量及气量，使生物转盘开始运转。

3. 分别测定进、出水的 COD 值，以及水温、pH，将数据记入表 5－3。

表 5－3　生物转盘实验数据

进水水温（℃）	进水 pH	进水 COD 值（mg/L）	出水 COD 值（mg/L）

【实验数据处理与分析】

计算实验中生物转盘对 COD 的去除率

$$\eta = \frac{S_0 - S_e}{S_0} \times 100\% \tag{5-3}$$

式中：S_0——进水 COD 值，mg/L；

S_e——出水 COD 值，mg/L。

【思考题】

1. 分析生物转盘的净化水体的机理。

2. 简述生物转盘的构造及运行特点。

3. 实验装置中曝气的作用是什么？并分析以此种方式运行的生物转盘有何特点？

4. 分析生物转盘转速是否越大越好？

实验 29　塔式生物滤池实验

【实验目的】

1. 进一步认识生物膜法对污水处理的机理及特征。

2. 通过运行模型了解塔式生物滤池的构造及运行特点。

【实验原理】

污水好氧生物处理技术按照微生物存在状态分类，主要有活性污泥法与生物膜法两种类型。塔式生物滤池是生物膜法的一种反应设备。生物膜法中微生物以固着态存在，它是指细菌和菌类的微生物和原生动物、后生动物等微生物，附着在载体上，并形成膜状生物污泥——生物膜，污水在与生物膜接触过程中，膜上微生物将水中有机污染物作为营养物质摄取而使其得到降解，同时膜上微生物得到繁殖的过程。

生物膜法净化水体主要依赖附着在载体上的生物膜，其构造主要由外侧吸附水层、中间好氧层、里侧厌氧层组成。生物膜是高度亲水的物质，在膜的外侧存在一层附着水层，随着中间好氧生物膜的生长，膜上微生物繁殖，使生物膜厚度不断增加，在增加到一定程度后，生物膜的里侧深部由于氧不能透入而缺氧，转变为厌氧状态。

生物膜对水体的净化过程实质就是生物膜内外、生物膜与水层之间多种物质的传递过程。其过程是空气中氧溶解于流动水层，并通过吸附水层传递给生物膜，为膜上微生物呼吸提供氧气；污水中的有机污染物则通过流动水层传递给吸附水层，然后进入生物膜，并通过微生物的代谢作用被降解，这样就使污水在其流动过程中逐步得到净化。好氧层的代谢产物 H_2O、CO_2通过吸附水层进入流动水层，被空气排走；而厌氧层代谢产物如 H_2S、NH_3、CH_4等气体则透过好氧层、吸附水层再到空气中。若厌氧层很厚，则其代谢产物必然增多，这些产物在透过好氧层向外逸出的过程中，破坏了好氧层的结构及生态系统的稳定性而使其老化，老化的生物膜净化功能较差，且易脱落。老化的生物膜在流动水层剪力作用下脱落，从而生成新的生物膜。

1. 相对于活性污泥法，生物膜法具有如下特点：

（1）参与净化反应的微生物种类丰富，食物链长，且存活世代时间长。

（2）抗冲击负荷能力较强。

（3）污泥沉降性能好，易于固液分离。

(4) 可以处理 BOD 值长期低于 50 mg/L 的低浓度污水。

(5) 便于维护运行、节约能源。

塔式生物滤池是生物滤池的一种，属于第三代生物滤池，它在 20 世纪 50 年代首先出现于德国，在构造上主要由以下部分构成（如图 5－3 所示）：

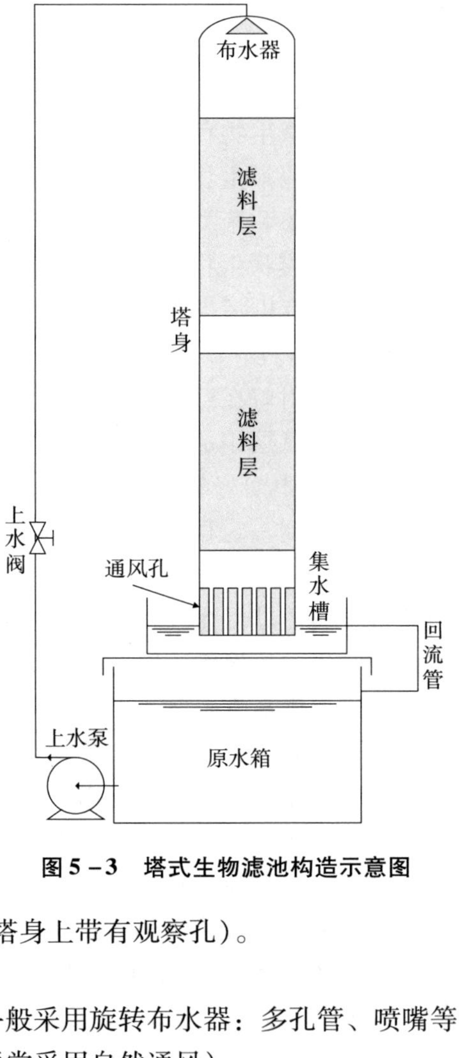

图 5－3　塔式生物滤池构造示意图

①池体/塔身（塔身上带有观察孔）。

②滤料。

③布水装置（一般采用旋转布水器：多孔管、喷嘴等）。

④通风装置（通常采用自然通风）。

⑤集水设备，通常在塔底部设有集水渠，并由管渠与后续处理构筑物相连（如二沉池）。

2. 塔式生物滤池在工艺方面具有以下特点：

(1) 所能处理污水量大、容积负荷高、占地面积小、运转费用低。

容积负荷是指每立方米滤料在每日内所能接收（降解）的有机物量，是生物滤池的一个重要参数，由下式计算

$$N_w = \frac{Q(S_0 - S_t)}{V} \tag{5-4}$$

式中：Q——污水量，m^3/d；

S_0——进水的 BOD 或 COD 值，mg/L；

S_t——出水的 BOD 或 COD 值，mg/L；

V——滤料（载体）的体积，m^3。

通常塔式生物滤池的容积负荷可以达到 1 000 ~ 3 000 g $BOD_5/(m^3 \cdot d)$。

(2) 塔内微生物在不同高度有明显的分层现象，对有机物及有毒物质冲击的负荷强。

(3) 塔身较高、自然通风良好、供氧充足、污泥量少。

塔式生物滤池的主要缺点是 BOD 去除率一般为 60% ~ 85%，效率较低，并且基建投资较大。

【实验设备与材料】

1. 塔式生物滤池实验装置，D = 120 mm，H = 2.0 m，内部设有塑质载体，以及配水、集水系统，如图 5 - 3 所示。
2. 贮水池、水泵、转子流量计、二沉池。
3. 温度计。
4. pH 试纸。
5. 测 COD 所需药品及容器。
6. 污水（生活污水或自行配制）。

【实验内容和步骤】

1. 生物膜的培养主要有两种方式：①接种培养法，以污水处理厂曝气池内活性污泥为接种污泥，使其与水样混合，用旋转布水器连续从塔式生物滤池的上部向塔内喷洒，经 15 d 左右，载体上就可出现透明生物膜。此方法效果较佳。②用生活污水直接培养，将生活污水从塔式生物滤池上部向塔内连续喷洒，20℃环境下大约需要 30d，此方法时间较长。当生物膜成熟后，即沿水流方向，膜上细菌和微型动物组成的生态系统和对有机物降解能力达到平衡后，便可进行实验应用。

2. 选定一定的容积负荷率，打开水泵调定流量，将污水从旋转布水管喷

洒到塔内。

3. 测定实验指标如水温、pH 及进出水 COD 值等，记录在表 5 –4 中。

表 5 –4　塔式生物滤池实验原始数据

进水水温（℃）	进水 pH	进水 COD 值（mg/L）	出水 COD 值（mg/L）

【实验数据处理与分析】

计算 COD 去除率

$$\eta = \frac{\rho_0 - \rho_e}{\rho_0} \times 100\% \qquad (5-5)$$

式中：ρ_0——进水 COD 值，mg/L；

ρ_e——出水 COD 值，mg/L。

【思考题】

1. 生物膜法与活性污泥法有哪些联系和区别？
2. 生物滤池净化污水的原理及过程是什么？
3. 简述塔式生物滤池构造。
4. 塔式生物滤池在工艺方面具有哪些特点？

综合性实验

实验30　曝气充氧实验

【实验目的】

1. 掌握测定曝气设备的氧总传递系数 K_{La} 和充氧能力的方法。
2. 加深理解曝气充氧机理及影响因素。
3. 了解掌握曝气设备清水充氧性能的测定方法、评价动力效率 E_P。

【实验原理】

活性污泥法是采取一定的人工措施创造适宜的条件，强化活性污泥微生物的新陈代谢作用，加速污水中有机物降解的生物处理技术。这里采取的人工措施主要为了实现两个目的：①向活性污泥反应器——曝气池中提供足够的溶解氧，以保证活性污泥微生物生化作用所需氧量；②使反应器中的活性污泥与污水充分混合，保持池内微生物、有机物、溶解氧，即泥、水、气三者充分混合。在实际工程中，这两个目的都是通过曝气这一手段实现的。

所谓曝气就是人为的通过一些设备，加速向水中传递氧的过程。曝气方法主要有3种，即鼓风曝气、机械曝气和鼓风机械曝气。氧分子转移的机理在水处理界比较公认的是双膜理论，即在气液两相接触界面的两侧存在着气膜和液膜，它们处于层流状态，气体分子从气相主体以分子扩散的方式经过气膜和液膜进入液相主体，氧分子转移的动力为气膜中的氧分压梯度和液膜中的氧浓度梯度，传递的阻力存在于气膜和液膜中，且主要存在于液膜中。

影响氧分子转移的因素主要有温度、污水性质、氧分压、水的紊流程度、气液之间接触时间和面积等。

自来水用亚硫酸钠（或氮气）进行脱氧，使水中溶解氧降到0（或最小值），然后再曝气，直至溶解氧升高到接近饱和水平，假定这个过程中液体是完全混合的，符合一级动力学反应，水中溶解氧的变化可以表示为

$$\frac{d\rho}{dt} = K_{La}(\rho_S - \rho) \qquad (5-6)$$

式中：$\frac{d\rho}{dt}$——氧转移速率，mg/(L·min)；

K_{La}——氧的总传递系数，1/min；

ρ_s——试验条件下自来水的溶解氧饱和度，mg/L；

ρ——液相主体中溶解氧质量浓度，mg/L。

将式（5-6）积分得：

$$K_{La} = \frac{2.303}{t}\lg\frac{\rho_s - \rho_0}{\rho_s - \rho_t} \quad (5-7)$$

式中：K_{La}——氧的总传递系数，1/min；

ρ_s——试验条件下自来水的溶解氧饱和度，mg/L；

ρ_0——曝气初始时，液相主体中溶解氧质量浓度（一般取 $t=0$ 时，$\rho_0=0$ 或 ρ_0 取最小值），mg/L；

ρ_t——t 时刻，液相主体中溶解氧质量浓度，mg/L；

t——曝气时间，min。

式（5-7）经整理得：

$$\lg\frac{\rho_s - \rho_0}{\rho_s - \rho_t} = \frac{K_{La}}{2.303} \times t \quad (5-8)$$

由式（5-8）可见，以 $\lg\frac{\rho_s - \rho_0}{\rho_s - \rho_t}$ 为纵坐标，t 为横坐标，绘制直线，通过图解法求得直线斜率，即可以确定 K_{La} 值，如图 5-4 所示。

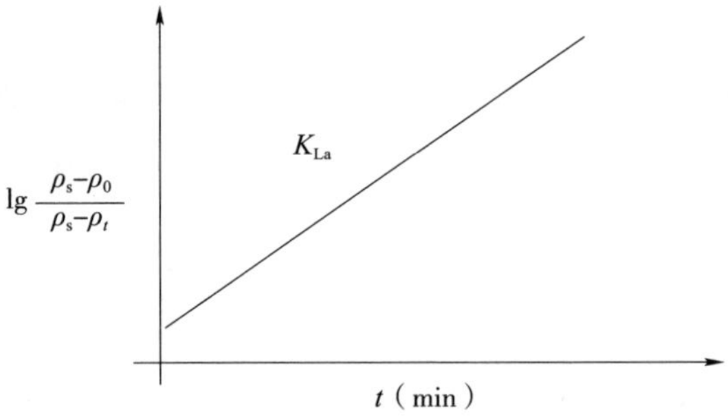

图 5-4　$\lg\frac{\rho_s-\rho_0}{\rho_s-\rho_t}$与 t 关系曲线示意图

本次实验过程采用不进水也不出水的清水实验法对充氧性能进行测定。实验可以在曝气筒内进行。首先向曝气筒内注入清水，将待曝气水用脱氧剂脱氧到0（或最小值）后开始曝气，然后每隔一定时间取水样测定溶解氧值，从而确定 K_{La} 值。

实验装置如图5－5所示。

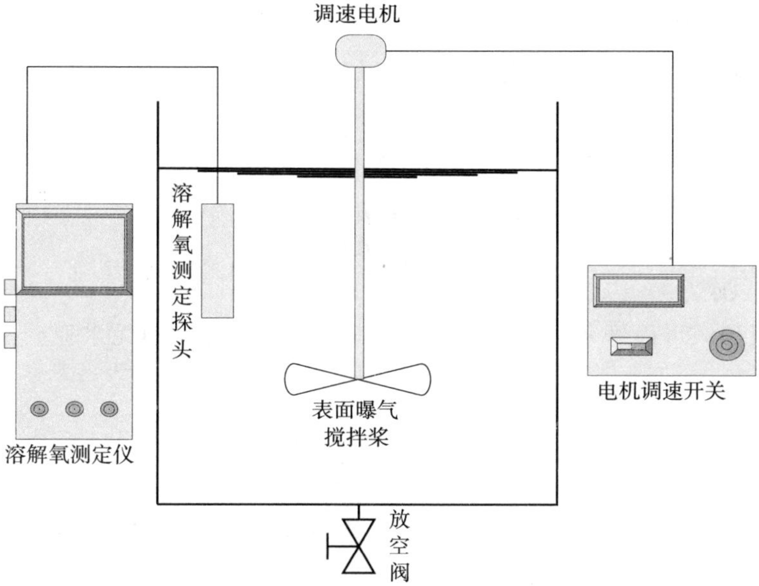

图5－5　曝气充氧实验装置

【实验设备与材料】

1. 曝气筒（D120 mm，H=2.0 m）。
2. 扩散器（穿孔管或扩散板）。
3. 转子流量计。
4. 秒表、压力表、真空表。
5. 空压机。
6. 溶解氧测定仪。
7. 无水亚硫酸钠、氯化钴、自来水。

【实验内容和步骤】

1. 关闭所有开关，向曝气筒内注入清水（自来水）80%～90%，取水样测溶解氧的值 ρ。

2. 计算曝气筒内溶解氧总量，即

$$G=\rho\cdot V \tag{5-9}$$

$$V = \frac{1}{4}\pi d^2 \cdot H \quad (5-10)$$

式中：G——水中溶解氧含量，mg；

ρ——液相主体中溶解氧质量浓度，mg/L；

V——曝气筒体积，L；

d——曝气筒直径，mm；

H——曝气筒水深，m。

3. 计算投药量。

（1）脱氧剂采用无水亚硫酸钠，反应式为

$$2Na_2SO_3 + O_2 \xrightarrow{CaCl_2} 2Na_2SO_4$$

由反应式可得摩尔质量比$\frac{O_2}{2Na_2SO_3} = \frac{32}{252} = \frac{1}{7.875}$，即无水亚硫酸钠投药量为：

$$g = (1.1 \sim 1.5)\ G \times 8 \quad (5-11)$$

式中：1.1～1.5——安全系数，通常取1.5。

（2）催化剂采用氯化钴，质量浓度为0.4 mg/L，即投加量为1.6 × V(mg)。

4. 药剂溶解后由筒顶倒入曝气筒中，充分混合后，曝气10 min左右取样测定溶解氧值。

5. 当水样脱氧至0或最低值时，打开空压机向曝气筒内充氧，同时开始计时。前3 min每隔0.5 min取样1次，接下来3 min每隔1 min取样1次，以后依次隔1 min、2 min、3 min、4 min、5 min、7 min、9 min、11 min、13 min、15 min、18 min、21 min、25 min……分别取水样测定溶解氧值，直至水中溶解氧值不再增长（即达到饱和）为止，并确定饱和溶解氧值ρ_S，数据记录于表5-5中。

6. 同时记录空气流量、室温、水温等。

【注意事项】

1. 叶轮的转速通过调节变压器的电压。

2. 对水中曝气充氧时，要保证叶轮的转速恒定。

3. 记录实验数据时，对于水的复氧过程，开始的时间间隔应该很短（10 s左右），随着时间的延续，记录间隔可以相应延长（30 s～1 min）。

【实验数据处理与分析】

1. 充氧实验测得的溶解氧值记录与整理。

曝气筒体积 V = ______L　　充水深度 H = ______m　　水温 T = ______℃

室温 T = ______℃　　实验条件下 ρ = ______ mg/L

$CoCl_2$投加量______mg　　Na_2SO_3投加量______g

表 5-5　溶解氧随时间变化的数据记录与整理

t (min)	ρ_t (mg/L)	$\lg\frac{\rho_s-\rho_0}{\rho_s-\rho_t}$	t (min)	ρ_t (mg/L)	$\lg\frac{\rho_s-\rho_0}{\rho_s-\rho_t}$	t (min)	ρ_t (mg/L)	$\lg\frac{\rho_s-\rho_0}{\rho_s-\rho_t}$
备注	ρ_S =					ρ_S =		
$K_{La(T)}$ =								

2. 计算标准条件下的 $K_{La(20℃)}$。

由于溶解氧饱和浓度、温度、污水性质和搅动程度等因素都影响氧的传递速率，在实际应用中为了便于比较，须进行压力和温度校正，把非标准条件下的 K_{La} 转换成标准条件下（20 ℃、1.013×10^5 Pa）的 K_{La}，通常采用以下公式计算：

$$K_{La(20℃)} = \frac{K_{La(T)}}{1.024^{(T-20)}} \tag{5-12}$$

式中：T——试验时的水温，℃；

1.024 ——温度修正系数；

$K_{La(T)}$——水温为 T 时测得的总传递系数，h^{-1}；

$K_{La(20℃)}$——水温为 20 ℃时的总传递系数，h^{-1}。

3. 计算标准状况下的供氧量 S，即

$$S = 21\% \times 1.43\, Q_{(20)} \tag{5-13}$$

式中：S——标准状况（20℃）的供氧量，kg/h；

$Q_{(20)}$——标准状况（20℃）的供气量，m^3/h。

4. 计算标准状况下的氧利用率 E_A(%)，即

$$E_A = \frac{R_0}{S} \times 100\% \quad (5-14)$$

$$R_0 = K_{La(20)}[\rho_{s(20)} - \rho_0]V \quad (5-15)$$

式中：E_A——标准状况下的氧利用率,%；

R_0——标准状况下转移到溶液中氧总量，kg/h；

$\rho_{s(20)}$——标准状况下溶解氧浓度，mg/L，这里取值 9.17mg/L。

5. 动力效率 E_p的确定，即

$$E_P = \frac{R_0}{N} \quad (5-16)$$

式中：E_P——动力效率，kg/(kW·h)；

N——采用叶轮曝气时，N 为轴功率，kW。

【思考题】

1. 简述曝气充氧原理。
2. 简述曝气在活性污泥法中的作用。
3. 氧的传递速率受哪些因素影响?
4. 氧总传递系数 K_{La}的意义是什么?
5. 曝气装置的性能指标为什么均为标况下数值?

实验 31　加压溶气气浮实验

【实验目的】

1. 了解和掌握气浮的原理及影响因素。

2. 通过实验模型的运行，掌握回流式加压溶气气浮实验的工艺流程。

【实验原理】

气浮是进行固液分离的一种方法，它常被用来分离密度小于或接近于水的密度且难以用自然重力沉降法去除的悬浮颗粒，其处理废水的实质是：气泡和悬浮颗粒进行物理吸附，并形成浮渣上浮分离。

加压溶气气浮是先将空气加压，使其溶于水，形成空气过饱和溶液，然后减压至常压使溶气析出，并以微小气泡形式释放出来，从而使水中杂质颗粒被黏附而随气泡上浮。其工艺流程包括全部废水加压溶气气浮、部分废水加压溶气气浮、部分处理后废水回流加压溶气气浮等形式，目前部分回流式气浮的应用最为广泛。

进行气浮时，用水泵将污水抽送到压力为 2～4 个标准大气压的溶气罐中，同时注入加压空气，空气在罐内溶解在加压的污水中，然后使溶气水通过减压阀进入气浮池，此时由于压力突然降低，溶解于污水中的空气便以微气泡的形式从水中释放出来。微小的气泡在上升的过程中附着在悬浮颗粒上，使颗粒密度减小，上浮到气浮池表面与液体分离。

影响加压溶气气浮的因素很多，其中，重要的影响因素包括溶解空气量的多少、释放的气泡直径大小等。空气的加压溶解过程服从亨利定律，但是由于溶气罐形式的不同，其过程也有所不同。此外，由于减压装置的不同，溶解气体释放的数量、气泡直径的大小也不同。

实验装置如图 5－6 所示。

【实验设备与材料】

1. 空气压缩机、溶气罐、加压泵、释放器、水箱。

2. 混凝剂 $Al_2(SO_4)_3$等，表面活性剂。

3. 测 COD 用试剂。

4. 含乳化油或其他悬浮物的废水水样。

5. 压力表、浊度仪等。

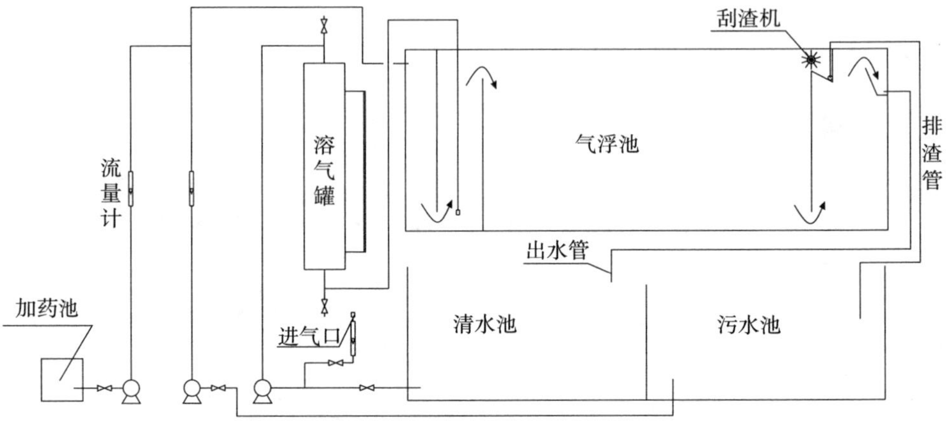

图 5－6 加压溶气气浮实验装置

【实验内容和步骤】

1. 检查气浮实验装置是否完好。

2. 把自来水加到回流加压水箱与气浮池中，加至有效水深的 90% 左右。

3. 将含乳化油或其他悬浮物的废水加到废水配水箱中，测定原水 SS（或浊度）和 COD 浓度。

4. 向废水配水箱投入 $Al_2(SO_4)_3$等混凝剂进行破乳，投加 $Al_2(SO_4)_3$的量为 50～60 mg/L。

5. 开启空压机加压，使溶气罐内压力为 0.3 MPa 左右。

6. 开启加压水泵，向溶气罐送入压力水，容器内废水在 0.3～0.4 MPa 的压力下形成溶气水，此时，进水流量可控制在 2～4 L/min。

7. 待溶气罐中的水位升至液位计的中间高度时，缓慢地打开溶气罐底部闸阀，其流量与进水流量相同，均控制在 2～4 L/min。

8. 待空气在气浮池中释放并形成大量微小气泡时，再打开原废水进水阀门，废水进水量可以控制在 4～6 L/min。

9. 浮渣由排渣管排至下水管道；出水可排至下水管道，也可回流至回流加压水箱。

10. 测出水中 SS（或浊度）和 COD 浓度，结果记录在表 5－6 中。

【注意事项】

1. 气浮压力必须保持 0.3～0.5 MPa。如低于 0.3 MPa，将不会有溶气泡生成，影响处理效果。

2. 回流水箱水位至少高于加压水泵出水口，否则水泵进入空气后将会无法运行。

3. 释放器如发生堵塞时，需要开大释放器阀门，对其冲洗。

4. 调节溶气压力时，可通过控制释放器阀门的大小来调节。

5. 实验结束后，需要先打开溶气罐的放压阀，使其减压后，再将气、水放空。

【实验数据处理与分析】

实验记录与数据计算见表 5 –6。

表 5 –6　加压溶气气浮实验记录与数据计算

水质	SS（mg/L）	浊度（NTU）	COD（mg/L）
进水			
出水			
去除率			

【思考题】

1. 简述气浮的含义与原理。

2. 简述加压溶气气浮装置的组成及各部分作用。

3. 观察实验装置运行是否正常，气浮池内的气泡是否很微小，若不正常，是什么原因？

4. 影响加压溶气气浮的因素有哪些？

5. 气浮法和沉淀法有什么异同？

设计性实验

实验32 序批式活性污泥法（SBR）处理系统的观测与运行

【实验目的】

1. 通过观察序批式活性污泥法（SBR）处理系统的运行过程，加深对其运行特点和规律的认识。

2. 掌握活性污泥处理法中控制参数（如污泥负荷、污泥龄、溶解氧浓度等）在实际设计运行中的作用与意义。

3. 熟悉和进一步了解活性污泥生物处理原理、过程及影响因素。

【实验原理】

活性污泥法是当前污水生物处理技术领域中应用最广泛的技术之一，至今已有将近90年的历史。该处理技术的实质是对水体自净作用进行人工模拟及强化。主要原理就是采取必要的人工措施，创造适宜的条件，在曝气池中为活性污泥微生物提供足够的溶解氧，满足其生化作用的需要，并使得有机物、微生物、溶解氧三相充分混合，强化微生物的新陈代谢作用，加速它对水中有机物的降解，以达到净化水体的目的。

1. 活性污泥净化反应过程。

在活性污泥处理系统中，有机污染物被活性污泥微生物摄取、取代、利用的过程，即为活性污泥反应过程。经过这一过程的结果就是污水得到净化，微生物获得能量而合成新细胞，使活性污泥得到增长。活性污泥净化反应过程由两个阶段组成。

（1）吸附阶段：这是由于活性污泥具有很强的吸附能力，可以在较短的时间内在物理吸附和生物吸附的共同作用下将污水中的有机物凝聚和吸附而使其得到去除。

（2）稳定阶段：在这个阶段中，吸附在活性污泥中的有机物在一系列酶的作用下被微生物摄取，一方面有机物得到降解去除，另一方面，微生物自身得到增长繁殖。

2. 影响活性污泥净化反应的主要因素。

（1）营养物质为 BOD: N: P = 100: 5: 1。

（2）溶解氧含量：曝气池要满足好氧条件，通常在出口处溶解氧浓度不得低于 2 mg/L。

（3）pH：通常最佳 pH 范围介于 6.5 ~ 8.5；

（4）水温：活性污泥微生物为中温型，适宜的水温通常为 15 ~ 35℃；

（5）有毒物质影响：对微生物生理活动具有抑制作用的无机物和有机物。

3. 活性污泥处理系统运行方式。

活性污泥处理系统运行方式主要有推流式、完全混合式、封闭环流式和序批式（SBR）四种方式。本实验选取 SBR 运行方式，即运行过程为序批式进行的，常规除碳工序为：进水、曝气反应、沉淀、排水排泥、静置等。如果调整工序，可适当增加非曝气搅拌工序，则可实现脱氮或者除磷功能。SBR 工艺主要有以下几个特点：

（1）生化反应推动力大，效率提高，池内厌氧、好氧处于交替状态，净化效果好。

（2）运行效果稳定，污水在理想的静止状态下沉淀，效率高，出水水质好。

（3）耐冲击负荷，池内有滞留的处理水，对污水有稀释、缓冲作用，有效抵抗水量和有机污物的冲击。

（4）工艺过程中的各工序可根据水质、水量进行调整，运行灵活。

（5）处理设备少，构造简单，便于操作和维护管理。

（6）反应池内 DO、BOD_5浓度存在梯度，能有效控制活性污泥膨胀。

4. 序批式活性污泥法的主要缺点。

（1）自动化控制要求高。

（2）排水时间短（间歇排水时），并且排水时要求不能搅动沉淀污泥层，因而需要专门的排水设备（滗水器），且对滗水器的要求很高。

（3）后处理设备要求高，例如消毒设备尺寸很大，接触池容积也很大，排水设施如排水管道也很长。

（4）滗水深度一般为 1 ~ 2 m，这部分水头损失被白白浪费，增加了总扬程。

（5）因为不设初沉池，所以容易产生浮渣，且浮渣问题尚未得到妥善解决。

5. 运行参数的控制。

序批式活性污泥法实验装置如图 5 – 7 所示。

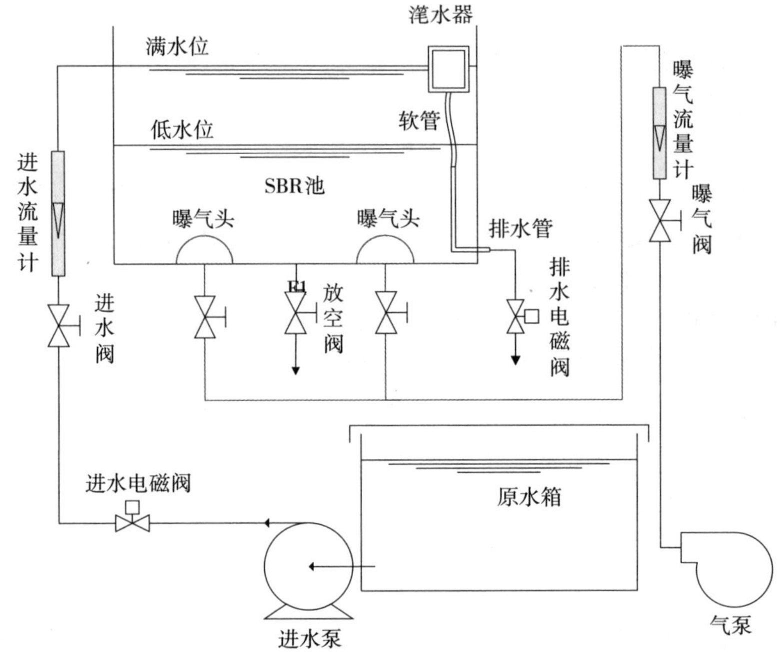

图 5－7　序批式活性污泥法实验装置

(1) 污泥负荷 (COD)。污泥负荷是活性污泥生物处理系统在设计及运行上的一项最重要参数，它又称为 COD—SS 负荷率，它表示的是曝气池内单位质量 (kg) 的活性污泥，在单位时间 (d) 内能够接收并将其降解到预定程度的有机污染物量 (COD)，它是决定有机污染物降解速度、活性污泥增长速度以及溶解氧被利用的最重要的因素。它同时也对污泥凝聚吸附性能产生影响。污泥负荷的计算公式为

$$\frac{F}{M} = N_s = \frac{QS_a}{XV} \tag{5-17}$$

式中：N_s——污泥负荷，kgCOD/(kg MLSS · d)；

F——有机物量；

M——微生物量；

Q——污水流量，m^3/d；

S_a——原污水中有机污染物 (COD) 的浓度，mg/L；

X——混合液悬浮固体 (MLSS) 浓度，mg/L；

V——曝气池有效容积，m^3。

污泥负荷具有很高的工程应用价值，选择适宜的污泥负荷无论从工艺角

度还是经济角度来说都有很重要的意义。在本次实验中污泥负荷（COD）的 N_s 应控制在 0.1～0.4 kg COD/(kg MLSS · d)。

（2）污泥龄。污泥龄指的是曝气池内活性污泥总量与每日排放污泥量之比，它表示的是活性污泥在曝气池的平均停留时间，也称为生物固体平均停留时间。污泥龄可由下式计算

$$Q_c = \frac{VX}{Q_w X_r + (Q - Q_w) X_e} \tag{5-18}$$

式中：Q_c——污泥龄，d；

V——曝气池有效容积，m^3；

X——曝气池内污泥浓度，mg/L；

Q_w——作为剩余污泥排放的污泥量，m^3/d；

X_r——剩余污泥浓度，mg/L；

Q——污泥流量，m^3/d；

X_e——排放处理水中的悬浮固体浓度，mg/L。

由于 X_e 值很低，因此

$$Q_c \approx \frac{VX}{Q_w X_r} \tag{5-19}$$

在本次实验中，污泥龄 Q_c =2～10 d。

（3）溶解氧浓度。氧是活性污泥微生物种群维持生命的必需物质，活性污泥微生物以好氧微生物为主。因此，在活性污泥净化反应过程中，必须提供足够的溶解氧，否则，微生物生理活动和处理进程都要受到影响。实验表明，溶解氧浓度不宜低于 2 mg/L，但也不宜过高，否则会使活性污泥易于老化，从经济角度来说，提供过高的溶解氧浓度也是不经济的。本次实验溶解氧浓度 DO 应控制为 1.0～2.5 mg/L。

【实验设备与材料】

1. SBR 活性污泥实验装置（带有转子流量针、配气、配水系统）。
2. 活性污泥。
3. 溶解氧测试仪。
4. 广泛 pH 试纸（或酸度计）。
5. 空气压缩机。
6. 含 COD（1 000 mg/L）的污水水样：称取 0.850 2 g 邻苯二甲酸氢钾溶于蒸馏水中，倒入 1 000 ml 容量瓶中，稀释至标线。

7. 污水水样（COD 浓度为 300～400 mg/L）：每升水样可称取约 0.3 g 邻苯二甲酸氢钾加入水中即可。

8. 测 COD 用试剂。

【实验内容和步骤】

1. 对活性污泥培养和驯化可采取两种方式，由已运行的活性污泥池接种或自己培养。用稀释后的粪便水或生活污水进行静态闷曝，在此过程中控制好温度，最适宜的温度为 20～30℃。在开始阶段，有机物浓度应稍高一些，COD 浓度在 1 000 mg/L 以上为最好，以提供足够的营养物质。这样曝气，大概经过 1～2 d 就可以出现模糊不清的絮状体，7～10 d 后，30 min 沉降比可达到 15%～20%。在培养过程中采用间歇静态换水方式，即先使混合液静沉1～1.5 h 后排出上清液，然后再向培养箱中投入新的生活污水或粪便水，注意投加量应随污泥量的增加而增加。在培养初期阶段可以 1 d 换 1 次水，以后酌情可增加到 2 次，每次从停止曝气到重新曝气不宜超过 2 h。污泥培养成熟后，应用实验中待处理的污水进行驯化，使污泥中菌种达到优化，以适应该种水的处理要求。

2. 取正处于曝气状态的 SBR 反应器中混合液 250 ml，置于量筒中，静置 30 min，测定泥面高度对应体积，计算污泥沉降比 SV。

3. 停止曝气和搅拌，使 SBR 反应器处于沉淀工序，沉淀 30 min 进行泥水分离。然后开启出水电磁阀，滗水器开始排水，将水位降至 1/2 高度处，停止出水。打开进水泵和进水电磁阀门，同时调整进水流量计维持进水流量为 10 L/h，待水位与滗水器最高位持平时，停止进水。

4. 开启气泵，调节曝气气速，使污泥可以悬浮于 SBR 池中即可，同时记录时间。分别取原水、曝气反应 10 min、20 min 及 30 min 时曝气池中的水样，采用离心或过滤操作弃去污泥，测定清液 COD 值。

5. 测定曝气池内水温、pH 及溶解氧浓度。

6. 将原始数据记入表 5－7。

表 5－7　测定 COD 数据记录

水温（℃）	pH	溶解氧浓度（mg/L）	进水 COD 浓度（mg/L）	出水 COD 浓度（mg/L）			曝气池混合液 MLSS（mg/L）
				10 min	20 min	30 min	

【实验数据处理与分析】

根据测定的不同时间进、出水 COD 浓度，计算在给定条件下的有机底物去除率为

$$\eta = \frac{\rho_a - \rho_e}{\rho_a} \times 100\% \qquad (5-20)$$

式中，ρ_a——进水 COD 质量浓度，mg/L；

ρ_e——出水 COD 质量浓度，mg/L。

【思考题】

1. 简述序批式活性污泥法的优缺点。

2. 影响活性污泥法处理系统的因素有哪些？

3. 污泥负荷的含义及在实际应用中的意义是什么？

4. 实验中 COD 去除率主要贡献度是活性污泥的吸附作用还是稳定降解作用？为什么？

5. 何为活性污泥处理法？活性污泥净化反应的实质是什么？

实验33　污泥吸附、沉降性能及菌胶团生物相的观察与测定

【实验目的】

1. 通过实验加深对活性污泥的理解。

2. 学会对污泥吸附性能、污泥沉降比、污泥指数进行实验测定及计算方法。

3. 观察显微镜下活性污泥菌胶团的状态，了解菌胶团的性质、状态及是否有丝状菌繁殖。

4. 了解活性污泥微生物的生活环境及其在污水处理过程中的指示作用。

【实验原理】

活性污泥是活性污泥法污水处理系统中的主体作用物质。活性污泥性能的优劣对净化效果起决定性的影响。性能良好的活性污泥应该具有很强的吸附性能和凝聚沉淀性能。在工程上，人们也常通过测定污泥吸附性能或沉淀性能来判定污泥活性。活性污泥含水率约为99%，外观上呈现黄褐色似矾花絮绒的颗粒，具有土腥味。

1. 污泥吸附性能。

由于活性污泥具有很大的比表面积，当活性强的活性污泥（通常活性污泥上的微生物处于内源呼吸期）与污水接触时，污水中的悬浮和胶体状的有机污染物就会在短时间内凝聚吸附在污泥表面，从而使有机物得到去除，即所谓“初期吸附去除”。在此阶段COD含量会急剧下降，但接下来COD含量会略有升高，这是因为吸附活性污泥表面的部分非溶解性有机物在水解酶的作用下，水解成溶解性小分子而重新回到污水中造成的。此时活性污泥微生物进入营养过剩阶段，因而微生物处于分散状态，这也进一步促进COD值上升，而随着活性污泥净化反应的不断进行，有机物不断被降解，COD值又缓慢下降。

2. 活性污泥的沉降性能。

在二次沉池中，只有污泥沉降性好、浓缩性能好的混合液，泥水才能彻底分离，使出水水质得到保证；反之，污泥将难以沉淀分离，并使回流污泥的浓度降低，甚至出现污泥膨胀现象，导致污泥流失，使处理水质降低。从曝气池中取出混合液可置于量筒中，观察沉淀过程。开始泥、水处于均匀的混合状态，静置一段时间后，可看到污泥颗粒开始絮凝沉淀，并出现泥、水

分界面，界面以上出现清水区。随着时间的推移，泥、水分界面不断下移，这时称这种沉淀为成层沉淀或区域沉淀。与此同时，筒底的泥层随着界面的下降，泥粒间距缩小，泥层逐渐变浓，上下泥粒终于相接。随着时间的延续，上层污泥颗粒积压下层污泥颗粒使泥层浓缩，这种浓缩又称为污泥压缩沉淀。一般情况下，发育良好的活性污泥经过 30 min 的沉淀，就可完成絮凝沉淀和成层沉淀过程，并进入压缩沉淀。

通常情况下，我们应用以下两个指标来评价活性污泥的沉降性能。

（1）污泥沉降比（Settling Velocity，SV）。

污泥沉降比又称为 30 min 沉降率。它是指混合液在量筒中静置 30 min 后所形成的沉淀污泥的容积占原混合液容积的百分率，以百分数表示。

污泥沉降比不仅在一定程度上反映了活性污泥的沉降性能，而且能反映曝气池运行过程中的活性污泥量，可用来控制调节剩余污泥的排放量，还能通过它及时发现污泥膨胀等异常现象，它是评价污泥数量和质量的重要参数。

（2）污泥指数（Sludge Volume Index，SVI）。

污泥指数也称为污泥容积指数。它是指曝气池出口处的混合液，在通过 30 min 静沉后，每克干污泥所形成的沉淀污泥所占的容积，单位为 ml/g，但通常习惯把单位省去。SVI 值可通过下式计算，即

$$SVI = \frac{1\ \text{L 混合液 30 min 静沉形成活性污泥容积(ml)}}{1\ \text{L 混合液中悬浮固体干重(g)}} = \frac{SV \times 10}{MLSS} \tag{5-21}$$

式中：SV——污泥沉降比，%；

MLSS——污泥干重，g。

污泥指数表示的是经 30 min 静沉降后污泥密度的倒数，它比较客观地反映活性污泥的松散程度，沉降、凝聚的活性。对于生活污水或城市污水此值应为 70 ~ 100。

3. 活性污泥菌胶团生物相的镜检。

（1）活性污泥中微生物的种类。

活性污泥中的微生物主要有细菌、原生动物和藻类 3 种，此外还有真菌、病菌等。微生物中细菌是分解有机物的主角，其次原生动物也有一定的作用。活性污泥中的细菌主要以菌胶团和丝状菌存在，游离的细菌较少。对工艺管理者来说，应会识别微生物，并了解它对污水处理过程的指示作用。

活性污泥中细菌含量一般为 107 ~ 108 个/ml；原生动物为 103 个/ml，原

生动物中以纤毛虫居多数。固着型纤毛虫可作为指示生物，当活性污泥培养成熟且活性良好时，固着型纤毛虫（如钟虫、累枝虫、盖纤虫、独缩虫、聚缩虫等）大量出现；活性污泥恶化时，絮凝体较小，出现的生物有豆形虫属、滴虫属和聚屋滴虫属等快速游泳型的生物；当污泥严重恶化时，微型动物大面积死亡或几乎不出现，污泥沉降性下降，处理水质能力差；当活性污泥膨胀时，丝状菌大量繁殖，污泥呈棉絮状，颗粒细碎且颜色相对较浅，此时污泥沉降性差，30 min 后沉降比高，而污泥浓度相对较低，导致污泥指数（SVI）值相对偏高。

因此，原生动物可以用来鉴定活性污泥的质量和污水处理效果。原生动物可以通过一般的光学显微镜来观察，此外，还可以观察菌胶团的形态、颜色、密度、是否有丝状菌出现、有无污泥膨胀的倾向等。本实验的内容就是通过测定曝气池中的 DO 浓度、pH、温度，以及用显微镜观察菌胶团来考察环境因素对微生物生理状态及出水水质的影响。

（2）生物相镜检。

生物膜上的生物相植物型以菌胶团和丝状菌为主，动物型有原生动物（纤毛虫类为主）和后生动物（以轮虫类较多）。观察生物相的目的是通过掌握生物相的变化和废水处理的相应关系，找出规律来指导水处理，特别是通过指示生物的种类、数量、形态等特征来判断水质处理的效果。指示生物的出现有一定规律性，在挂膜阶段开始出现鞭毛虫类，后来陆续出现纤毛虫类，数量也由少到多；在正常运转阶段，有柄的固着型纤毛虫类占主导地位，伴随着会出现少量的轮虫，它们是异养性微生物，以有机物颗粒为食，对水质净化起一定的作用。因此，在运转期纤毛虫类（尤以钟虫、等枝虫、草履虫为佳）大量出现，说明水质处理正常；如出现大量轮虫，说明碳源不足；纤虫大量出现说明碳源过量；如果出现钟虫头顶气泡，说明溶解氧过高；如果出现大量鞭毛虫，说明水质处理不正常。总之，通过一定时期的观测，可以找出适应水质处理的指示生物来指导处理效果。

（3）显微镜下的典型微生物的形态。

①钟虫：体呈吊钟形，钟口盘状口区周围有一肿胀的镶边，其内缘着生三圈逆时针旋转的纤毛，口盘与镶边均能向内收缩。小口钟虫在各类废水处理中出现频率最大，数量也最多。个体或群生相连，固着在活性污泥上。

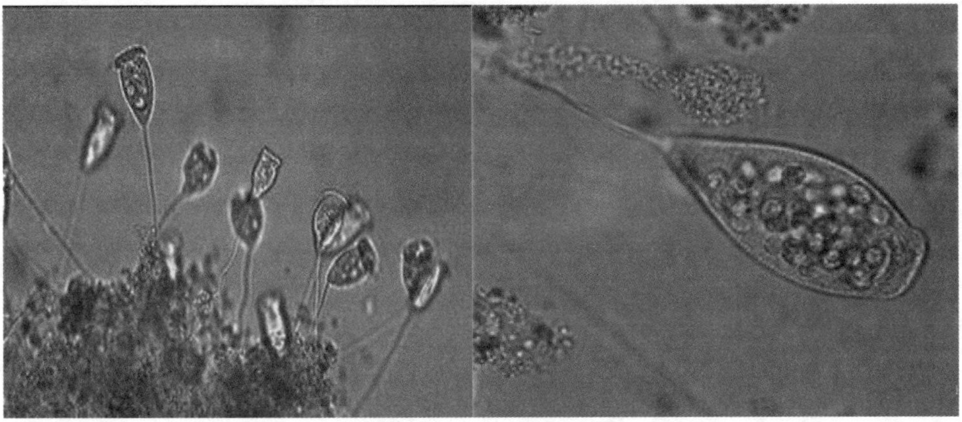

图 5－8　钟虫

②吸管虫：身体的一端有一长柄，个体即借此柄附着在其他物体上。体表长有许多辐射状排列的触手，触手为中空的管状，末端膨大成球状吸盘。

③蓝藻：藻丝呈螺旋状，无横隔壁，蓝绿色。

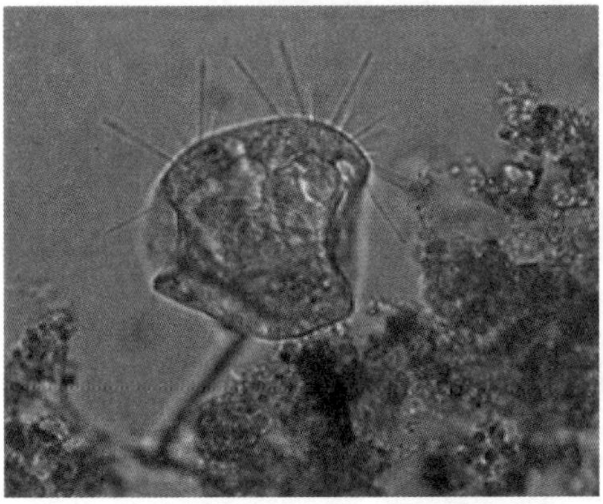

图 5－9　吸管虫

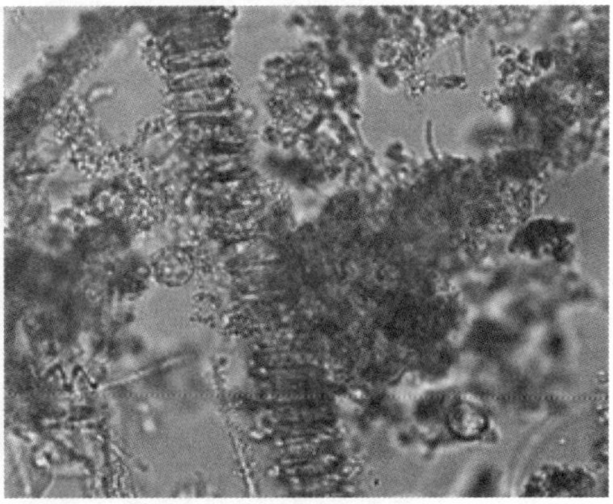

图 5－10　蓝藻

④线虫：线虫属于线形动物门的线形纲。线虫两侧对称，体长，通常两端尖，并具透明隔腔，在显微镜下清晰可见。线虫有寄生的和自由生活的，污水处理中出现的线虫多是自由生活的。自由生活的线虫体两侧的纵肌交替收缩，做蛇形状的拱曲运动。

⑤杯居虫：杯居虫一端附着在污泥中，形状像杯子。

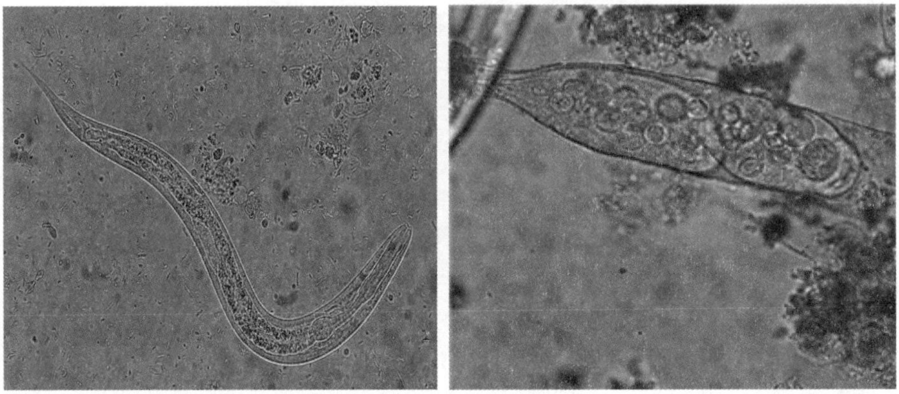

图 5-11　线虫和杯居虫

⑥轮虫：身体为长形，分头部、躯干及尾部。头部有一个由 1~2 圈纤毛组成的能转动的轮盘，形如车轮故叫轮虫。躯干呈圆筒形，背腹扁宽，具刺或棘，外面有透明的角质甲蜡，尾部末端有分叉的趾。

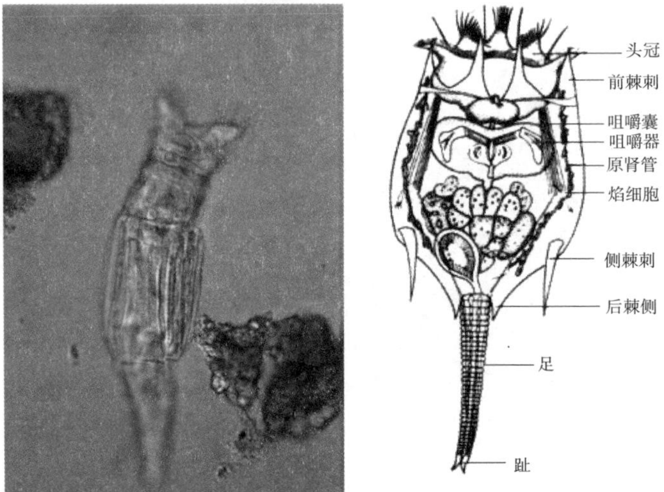

萼花臂尾轮虫形态构造

图 5-12　轮虫

⑦变形虫：大多没有固定形状，由体内细胞质不定方向的流动而呈现千姿百态，少数种类为球形。细胞质可伸缩变动而形成伪足。

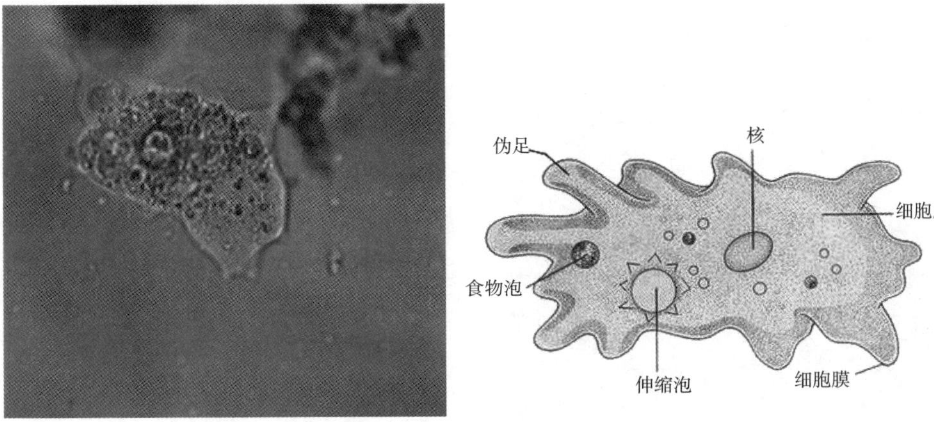

图 5－13　变形虫

⑧贝氏硫菌：具无色而宽度均匀的丝状体，与球衣菌不同的是外面无衣鞘，各丝状体分散不相连接，丝状体由圆柱形细胞紧密排列而成，可见硫粒。

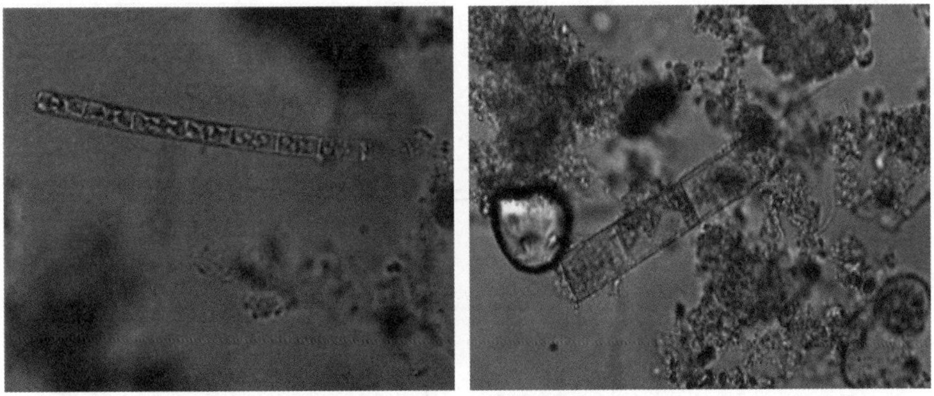

图 5－14　贝氏硫菌

⑨裸藻（眼虫）：体纺锤形，前端钝圆，后端宽，末端尖呈尾状。

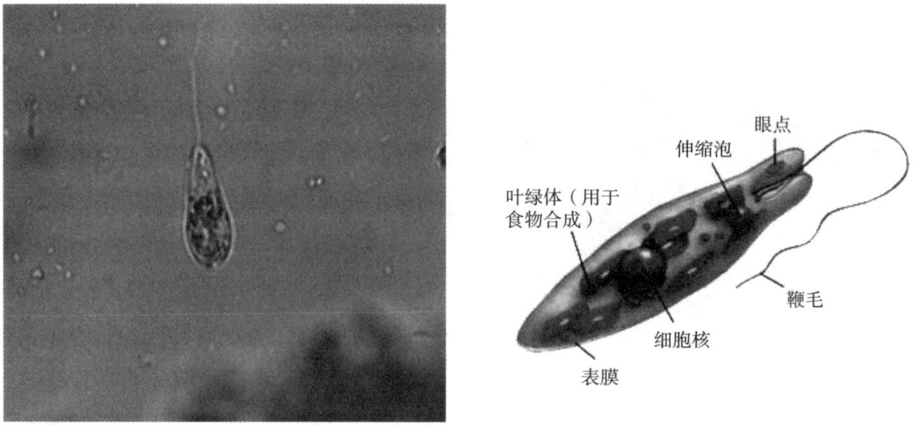

图 5－15　裸藻（眼虫）

表 5－8　污泥微生物的指示作用

微生物种类	生活环境	指示作用
鞭毛虫	多污带和 α 中污带	活性污泥培养初期或处理效果差
游泳型纤毛虫	多数在 α 中污带和 β 中污带	活性污泥培养中期或处理效果较差
钟虫类	喜在寡污带	水体洁净程度高，污水生物处理效果好
吸管虫	多数在 β 中污带	污水生物处理效果一般，有待提升
轮虫	水体寡污带	污水生物处理效果好
线虫	厌氧或缺氧时大量繁殖	污水净化程度较差，有待提升

【实验设备及材料】

1. 实验用模型（底部带有空气扩散器）。
2. 烘箱（1 台）。
3. 秒表、量筒（100 ml）、滤纸、三角瓶、移液管、称量瓶、干燥器。
4. 测 COD 所需药品及容器（或 COD 测定仪）。
5. 普通光学显微镜及载玻片、盖玻片等。
6. 测悬浮物用仪器；溶解氧测定仪。
7. 酸度计。
8. 水样（生活污水或自行配制水样）。
9. 测 COD 用试剂。

【实验内容和步骤】

1. 将活性污泥浓缩脱水后（可采用离心机脱水，也可用重力法）去除上清液。

2. 取一定量的浓缩污泥放入大烧杯中，将待测水搅拌倒入曝气池中，使混合液悬浮物浓度为2 000～3 000 mg/L，混合液体积为4～5 L；同时测定原水样COD值。

3. 打开空压机，调节好气量，使有机污染物与活性污泥絮状体充分接触，开始向曝气池混合曝气，同时开始计时，在时间分别为0.5 min、1.0 min、1.5 min、2.0 min、3.0 min、5.0 min、10 min、20 min、40 min、70 min时分别取100 ml左右混合液。

4. 将上述所取水样过滤（或经30 min静沉后取上清液），取滤液测COD值，记入表5－9。

表5－9　水体中COD值测定记录

时间/min	0	0.5	1.0	1.5	2.0	3.0	5.0	10	20	40	70
COD/（mg/L）											

5. 将上述过程中准确取出的100 ml混合液注入100 ml量筒内，当液面达到100 ml刻度时开始计时，并观察沉降过程，当沉降过程中的时间为1 min、3 min、5 min、10 min、15 min、20 min、30 min时分别记下污泥容积。

6. 沉降30 min时的污泥容积即为污泥沉降比。

7. 先称滤纸重量，再将经30 min沉降后的污泥和上清液用定量滤纸过滤，测量污泥浓度（干燥、称重）。

8. 将以上测得数据记入表5－10。

表5－10　测得数据记录

时间（min）	1	3	5	10	15	20	30
量筒内污泥所占体积（ml）							
MLSS（g/ml）							
SV（%）							

9. 校准溶解氧仪，测定曝气池的溶解氧。

10. 用酸度计测定曝气池混合液的pH。

11. 调试显微镜，从曝气池中取少许混合液，沉淀后取1滴加到干净的载玻片的中央，小心地盖上盖玻片（注意：为避免片内形成气泡影响观察，在加盖玻片时应使其中央接触到水滴后再放下）。

12. 观察菌胶团的形态和结构，有无丝状菌繁殖。再以原生动物为主要对象，观察其种类、形态特征及运动方式，并简要画出视野内原生动物、菌胶团的形态草图。

【实验数据处理与分析】

1. 以 COD 值为纵坐标，以时间为横坐标，绘制活性污泥吸附曲线。

2. 测定污泥沉降比 SV 值。

根据式（5－21）计算污泥容积指数 SVI 值。

3. 以污泥容积为纵坐标，以时间为横坐标，绘制污泥容积随时间变化曲线。

【思考题】

1. 分析影响活性污泥吸附性能的因素。

2. 发育良好的活性污泥具有哪些特征？

3. 简述污泥容积指数与污泥沉降比的区别与联系？

4. 简述观测曝气池中的生物相的意义。

5. 丝状菌的大量繁殖对活性污泥工艺有何危害？

虚拟仿真实验

实验34　污水处理工艺虚拟仿真实验

【实验目的】

1. 验证课堂理论，通过实验对所学理论进行验证，进一步加深对教学内容的理解、巩固和提高。

2. 通过基本技能的训练以及对实验现象、结果的观察分析，使学生了解并掌握有关的实验技术方法、原理，进而培养学生动手实践、观察分析和解决问题的能力。

3. 培养学生实事求是的态度、严谨的实验习惯以及科学的思维方法。

【实验原理】

针对污水厂厌氧—缺氧—好氧活性污泥（A/A/O）工艺、序批式活性污泥（SBR）工艺和膜分离技术相结合的 A/O - MBR、A/A/O - MBR、SMBR 等技术在实际应用及调试技术经验方面的学习需求，开设本虚拟仿真实验环节。本实验采用组态软件与现场半实物相结合的形式，构建模块化虚拟仿真系统，形成 A/O 工艺、A/A/O 工艺、SBR 工艺和 SMBR 工艺 4 个基本模块，可开展 A/O、A/A/O、SBR、MSBR、A/O - MBR、A/A/O - MBR、A/A/O - SBR 等工艺及其组合污水处理系统工艺的设计和管道连接，污水处理设备部件的安装与调试，电气控制线路的连接、PLC 硬件组态以及程序编写与调试，在线监测技术的应用，都可以通过编写程序实现设备自动运行与监控。该平台采用多种控制方式，可以手动也可自动控制，可以培养学生对上述污水处理工艺设计、调试、控制等相关基本知识和实践经验的掌握和积累。本系统主要单元简介及原理如下。

1. 格栅调节池。

格栅多用于废水的前处理，一般安装在污水渠道。泵房集水井的进口处设置格栅有两个作用，一是用以截留较大的悬浮物或漂浮物，如纤维、碎皮、毛发、木屑、果皮、蔬菜、塑料制品等，以防止水泵、排水管以及后续处理构筑物的堵塞，保证处理设施和设备的正常运转；二是为了处理污水，人们往往忽视格栅的处理作用，其实格栅每天截留的固体物质量占污水中悬浮固体总质量的1/10左右。格栅按形状可分为平面格栅和曲面格栅两种，平面格栅由栅条与框架组成，曲面格栅可分为曲面格栅与旋转鼓筒式格栅两种。

本实验平台将格栅与调节池进行了一体化设计。调节池是用以调节进、出水流量的构筑物，可对水量和水质进行调节，还可以调节污水的pH、水温等，有预曝气作用，还可用作事故排水。

2. 沉砂池。

根据物理原理或结构形式的差别，沉砂池可分为平流沉砂池、竖流沉砂池、曝气沉砂池、涡流沉砂池。本实验平台采用的是平流沉砂池，两端设有闸门，以控制水流，池底设1~2个贮砂斗，利用重力排砂，也可用射流泵或螺旋泵排砂，此类型沉砂池结构简单，处理效果好。

废水中有时存在一些密度较大、易沉淀分离下来的颗粒物质，主要包括无机性的砂粒、砾石、炉灰渣、煤屑和少量较重的有机性颗粒，这些颗粒表面还附着一些黏性的有机物质，这些黏性的有机物质极易腐败。沉砂池是利用物理原理（重力分离，自由沉淀类型）将砂从废水中分离出来的一个预处理单元。在沉砂池内，一般把水流速度控制到只能使密度大的无机颗粒沉淀，而有机颗粒可随水流流出的程度。

3. A/A/O生物反应器。

A/A/O（Anaerobic - Anoxic - Oxic）或称A^2O工艺，即厌氧—缺氧—好氧工艺，是在缺氧—好氧（An - O）法脱氮工艺和单厌氧—好氧（A/O）法除磷工艺的基础上开发的一种能够同步脱氮除磷的污水处理工艺。

A^2O采用三段式反应器，它是传统活性污泥工艺、生物硝化及反硝化工艺及生物除磷工艺的结合。在厌氧段，回流污泥中的聚磷菌释放磷，并吸收低级脂肪酸等易降解的有机物，同时部分有机物进行氨化；在缺氧段，反硝化细菌利用污水中的有机物作为碳源，将内回流混合液带入的NO_3^- - N和NO_2^- - N通过反硝化作用转为氮气，从而达到脱氮的目的。好氧阶段主要是去除BOD_5、氨氮硝化和吸收磷，在充足供氧条件下，有机物进一步氧化分解，氨氮被硝化菌转化为NO_3^- N，而在厌氧池中充分释磷的聚磷菌则可以在好氧池中大量地吸收磷，形成高磷污泥，通过剩余污泥排出以达到除磷的目的。A^2/O工艺脱氮的作用，是通过增设混合液内回流，将好氧段硝化作用后产生的硝酸盐回流至缺氧段进行反硝化达到的。A^2/O工艺在去除有机污染物的同时，能够实现脱氮除磷效果，可以说是最简单的同步脱氮除磷工艺，此工艺总水力停留时间少于其他同类工艺，且反应流程上厌氧、缺氧、好氧交替运行，不利于丝状菌生长，污泥膨胀较少发生，生物除磷过程运行中无须投药，运行费用低，且污泥中含磷浓度高，具有较高的肥效，是实现污水回用和资源化的有效途径。

本实验平台 A^2/O 系统采用一体式设计，主要是用来模拟污水处理中的生物处理环节。

4. SBR 反应器。

SBR 是序批式活性污泥法的简称。SBR 工艺整个运行周期由进水、反应、沉淀、出水和闲置 5 个基本工序组成，并都在一个设有曝气或搅拌的反应器内依次进行，在处理过程中，周而复始地循环这种操作周期，以实现污水处理目的。根据具体工艺要求不同，SBR 工序还可以进行调整，加入非曝气搅拌缺氧/厌氧状态等工序，实现脱氮除磷功能。现将除碳工序要点与功能阐述如下。

（1）进水工序。

注入污水之前，反应器处于待机状态，此时沉淀后的上清液已经排空，反应器内还储存着高浓度的活性污泥混合液，此时反应器内的水位为最低。

注入污水后再进行反应，这时反应器起到了调节池的作用，所以 SBR 法受负荷变动影响较小，对水质、水量变化的适应性较好。

（2）反应工序。

当污水达到预定高度时，开始反应操作，可以根据不同的处理目的来选择相应的操作，例如控制曝气时间可以实现 BOD 的去除、硝化、磷的吸收等不同要求，控制曝气或搅拌器强度来使反应器内维持厌氧或缺氧状态，实现硝化、反硝化过程。

（3）沉淀工序。

本工序中 SBR 反应器相当于二沉池，停止曝气和搅拌，使混合液处于静止状态，活性污泥进行重力沉淀和上清液分离，SBR 反应器中的污泥沉淀是在完全静止的状态下完成的，受外界干扰较小。此外，静止沉淀还避免了连续出水容易带走密度轻、活性好的污泥的问题。因此，SBR 工艺沉降时间短，沉淀效率高，能使污泥保持较好的活性，沉淀时间根据污水类型以及处理要求具体设定。

（4）出水工序。

排出沉淀后的上清液，恢复到周期开始时的最低水位，剩下的一部分处理水，可以起到循环水和稀释水的作用，沉淀的活性污泥大部分可作为下个周期的回流污泥，剩余污泥则排放。

（5）闲置工序。

SBR 池处于空闲状态时，微生物通过内源呼吸恢复活性，溶解氧浓度下降，起到一定的反硝化作用而进行脱氮，为下一个运行周期创造良好的初始条件。由于经过闲置期后的微生物处于一种饥饿状态，活性污泥的表面积更大，因此在新的运行周期的进水阶段，活性污泥便可发挥其较强的吸附能力对有机物进行初始吸附去除。另外，待机工序可使池内溶解氧进一步降低，为反硝化工序提供良好的工况。

5. 二次沉淀池

沉淀池是利用重力分离污水中悬浮物的一种处理技术和方法，沉淀池按其功能可分为进水区、沉淀区、污泥区、出水区及缓冲区五个部分。进水区和出水区是使水流均匀地流过沉淀池。沉淀区也称澄清区，是可沉降颗粒与废水分离的工作区。污泥区是污泥贮存、浓缩和排出的区域。缓冲区是分隔沉淀区和污泥区的水层，保证已沉降颗粒不因水流搅动而再度浮起。

本系统采用竖流式沉淀池作为二次沉淀池。竖流式沉淀池多为圆形或方形，沉淀池上部为圆筒形的沉淀区，下部为截头圆锥状的污泥斗，两层之间为缓冲层。

6. 砂滤柱。

污水处理厂的二级出水经沉淀以后，水中的污染物质虽然得到了进一步的去除，但仍有一部分较细小的颗粒和其他物质悬浮在水中，为了达到深度处理的目的，在沉淀工艺以后应设置过滤工艺——滤池。

【实验设备与材料】

1. 水环境监测与治理技术综合实训平台（1 套，分为控制系统、供水系统和污水处理系统三部分）。

2. 控制系统：电气控制柜、漏电保护器、触摸屏、旋钮开关、工作状态指示灯、PLC 可编程控制器、继电器、在线监测仪（pH 仪和 DO 仪）、组态监控软件。

3. 供水系统：不锈钢大水箱、不锈钢支架、水箱液位管和球阀等组成。

4. 污水处理系统：水泵、风机、电磁阀、搅拌机、有机玻璃格栅调节池、有机玻璃沉砂池、有机玻璃 A^2/O 生物反应器、有机玻璃 SBR 池、有机玻璃二沉池、有机玻璃砂滤柱、有机玻璃加药池风机、曝气头、搅拌机、流量计和管道、DO 在线仪、PH 在线仪、浮球液位开关。

水环境监测与治理技术综合实训平台系统如图 5－16 所示。

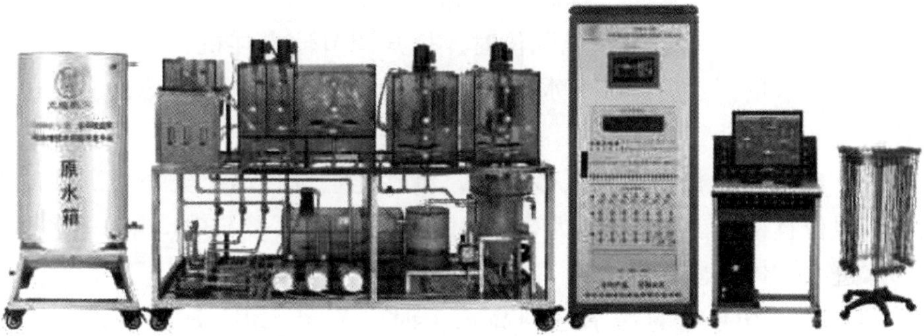

图 5－16　水环境监测与治理技术综合实训平台

【实验内容和步骤】

1. A^2/O 水处理工艺实验。

（1）接通控制柜电源，打开控制系统。

（2）打开药水搅拌机，使药水进入到调节池中，1 min 后关闭药水搅拌机。通过控制原水箱的进水阀（球阀和电磁阀），使污水从原水箱进入调节池中。

（3）当调节池水位高于低限位时，打开调节池搅拌机，通过计量泵控制调节污水的水量，然后调节污水的 pH、水温等。污水从调节池出来经过格栅处理。

（4）待污水从格栅进入沉砂池后，沉砂池水位逐渐上升，当沉砂池水位低于高限位且检测出水的 pH 为 6～9 时，打开提升泵，此时污水进入厌氧池中。

（5）当厌氧池水位高于低限位时，打开厌氧池搅拌机。

（6）当污水从厌氧池进入缺氧池，直到缺氧池水位高于低限位时，打开缺氧搅拌机，随后打开连接好氧池的气泵，好氧池发生曝气反应，通过流量计控制曝气量。

（7）污水从 A^2/O 系统中出来后进入竖流式二沉池，清水由池四周集水槽收集进入到砂滤柱中，污泥可从排泥管中排出。

（8）清水进入砂滤柱后经过进一步处理达到出水标准而排出。

2. SBR 水处理工艺实验。

（1）接通控制柜电源，打开控制系统。

（2）打开药水搅拌机，使药水进入调节池中，1 min 后关闭药水搅拌机。通过控制原水箱的进水阀（球阀和电磁阀），使污水从原水箱进入调节池中。

（3）当调节池水位高于低限位时，打开调节池搅拌机，通过计量泵控制调节污水的水量，然后调节污水的 pH、水温等。污水从调节池出来经过格栅处理。

（4）待污水从格栅进入沉砂池后，沉砂池水位逐渐上升，当沉砂池水位低于高限位且检测出水的 pH 为 6 ~ 9 时，打开提升泵及 SBR1 池的进水阀，此时污水进入 SBR1 池中。

（5）当 SBR1 池的污水达到高水位时，关闭 SBR1 池的进水阀，打开 SBR1 池的搅拌机和连接 SBR1 池的气泵，同时打开 SBR2 池的进水阀。此时 SBR1 池发生曝气反应，通过流量计控制曝气量，曝气 5 min 后，关闭 SBR1 池的搅拌机和气泵，待 SBR1 池沉淀 5 min 后，排出 SBR1 池的上层清水，待 SBR1 池的污水达到低水位、SBR2 池的污水达到高水位时，SBR1 池的进水阀打开，直到 SBR1 池的污水达到高水位时重复进行前面的操作。

（6）当 SBR2 池的污水达到高水位时，关闭 SBR2 进水阀，打开 SBR2 池的搅拌机和连接 SBR2 池的气泵。此时 SBR2 池发生曝气反应，通过流量计控制曝气量，曝气 5 min 后，关闭 SBR2 池的搅拌机和气泵，待 SBR2 池沉淀 5 min后，排出 SBR2 池的上层清水，待 SBR1 池的污水达到低水位时，此时 SBR2 池达到高水位，重复进行步骤（5）。

（7）污水从 SBR1 池和 SBR2 池中出来后进入竖流式二沉池，清水由池四周集水槽收集进入砂滤柱中，污泥可从排泥管中排出。

（8）清水进入砂滤柱后经过进一步处理达到出水标准而排出。

【思考题】

1. 系统如何实现 A/O 脱氮、A/O 除磷、A/O – MBR、SMBR 工艺？尝试设计上述工艺技术达成方法。

2. A^2/O 与 SBR 技术各自的优缺点为何？试比较两种技术在脱氮除磷和有机物降解方面的能力差别。

实验 35　典型污水处理厂 A^2/O 工艺 3D 虚拟现实仿真实验

【实验目的】

1. 将教学内容从以往的书本转移到软件或系统中，多元化表达形式和较强趣味性让教学内容更加容易被学生理解，从而提高学生的学习效率。

2. 帮助学生探寻系统在给定条件下的行为或状态，在几乎没有任何风险的情况下，观察各种改进和备选方案的效果。

3. 运行并分析系统各个资源的利用率，发现系统中存在的问题，评价各个系统的优劣。

【实验原理】

虚拟现实已经被世界上越来越多的大型企业广泛地应用到职业培训当中，在提高企业的培训效率，提升员工分析、处理能力，减少决策失误，降低企业风险等方面起到了重要作用。利用虚拟现实技术建立起来的虚拟实训基地，其“设备”与“部件”多是虚拟的，可以根据需要随时生成新的“设备”。培训内容可以不断更新，使实践训练及时跟上技术的发展。同时，虚拟现实的交互性，使学员能够在虚拟的学习环境中扮演一个角色，全身心地投入到学习环境中去，这非常有利于学员的技能训练。虚拟的训练系统无任何危险，学员可以反复练习，直至掌握操作技能为止。

【实验设备与材料】

典型污水处理厂 A^2/O 工艺 3D 虚拟现实仿真软件、计算机（图 5－17）。

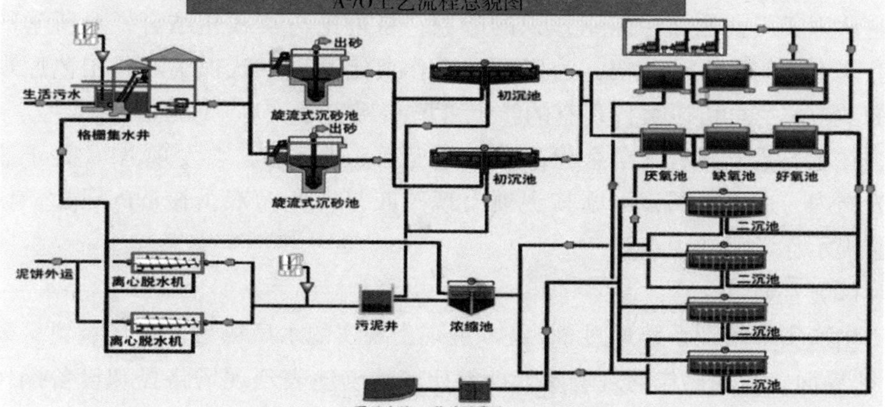

图 5－17　3D 工艺仿真系统运行界面

【实验内容和步骤】

1. 双击启动软件。

2. 点击“培训项目”，根据教学学习需要点选某一培训项目，然后点击“启动项目”启动软件。

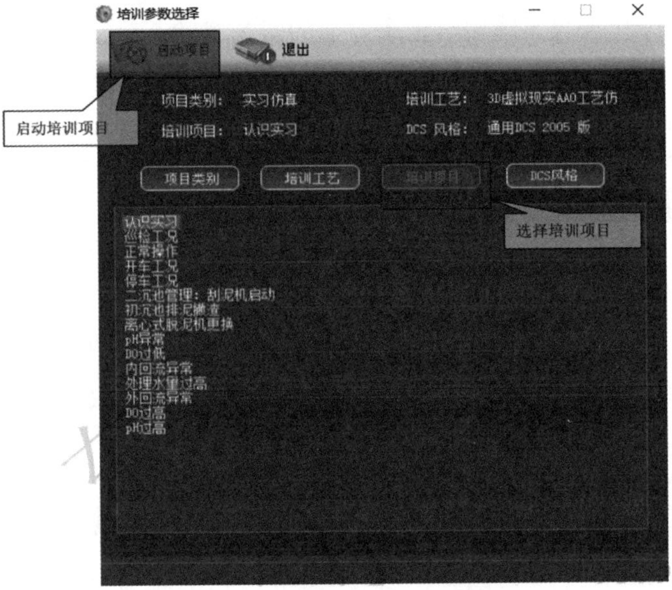

3. 实验内容。

（1）认识实习。

认识实习就是加深课堂知识的印象，将理论与实践相结合，对所学的知识有一个新的认识和感悟，为以后的工作奠定基础，认识实习是工艺原理知识的学习，完全可以替代现有的学生进场参观实习。

在本场景里，右上角全程都有任务提示。进场后，会发现 NPC 处于蓝色的光圈内，进入光圈，可见其头顶出现感叹号，此时双击该 NPC 与之对话，将会提示你学习知识点等。

（2）生产实习。

生产实习培训系统通过 3D 技术展现出现实的水厂场景，现场装置区采用 3D 化界面，增加操作的现场感。能够比较清晰地表现现场路径和设备操作细节，更加贴近实际操作的感受。

①巡检工况。

本工况主要介绍巡检的流程以及巡检中可能遇到的故障。根据画面右上方的提示到达相应的区域内，会出现提示光圈，即为巡检点，人物进入光圈内判断相应巡检点是否出现问题。巡检过程中可能会遇到一些问题，需要及时处理。

②巡检工况操作规程。

实习生从水厂大门开始，根据右上方的提示到达机修室佩戴工具装备，才能出门巡检。到达相应区域内，屏幕会有提示出现，人物进入光圈内判断相应巡检点是否出现问题。巡检过程中要随时填写巡检记录表。

③正常操作。

正常操作是水厂正常运行时的状态，正常操作的培训项目中没有加入任何的提示语，尽可能地还原一个真实的水厂原貌。学员可以在场景里随时且随意查看各项数据、各个设备，也可以自己操作一些阀门设备，更加熟悉和了解水厂的工艺流程。

（3）事故工况。

事故工况会再现污水处理厂常见的一些事故，帮助学员分析并找到事故原因及学习如何处理这些事故。事故工况主要包括 pH 过低、DO 过低、内回流异常、处理水量过高、外回流异常、DO 过高和 pH 过高。

①pH 过低：该工况为一个工艺事故，工艺事故为因违反工艺要求和指标违反操作规程、管理不善、违章指挥等生产工艺组织原因导致的生产事故，事故中 pH 过低，可打开碱加药计量泵来调节 pH。

操作流程：开启碱加药计量泵 P403 的前阀 VD408；开启碱加药计量泵 P403 的电源；打开碱加药计量泵 P403 的后阀 VA403。

②DO 过低。

该工况为一个工艺事故，工艺事故为因违反工艺要求和指标，违反操作规程、管理不善、违章指挥等生产工艺组织原因导致的生产事故，事故中生化池、好氧池的 DO 值过低，可通过调节风机曝气量调节 DO。

操作流程：开启鼓风机 F401D 电源；开启鼓风机 F401D 出口阀 VA415；关闭鼓风机 F401D 电源，关闭鼓风机 F401D 的出口阀 VA415。

③内回流异常。

该工况为一个工艺事故，工艺事故为因违反工艺要求和指标，违反操作规程、管理不善、违章指挥等生产工艺组织原因导致的生产事故，事故中生化池内回流过低，可调节回流泵 P404A 的控制开关 VA410 的大小。

操作流程：将回流泵 P404A 的控制开关 VA410 开到最大。

④处理水量过高。

该工况为一个工艺事故，工艺事故为因违反工艺要求和指标，违反操作流程、管理不善、违章指挥等生产工艺组织原因导致的生产事故，事故中水厂进水量过大，可调节进水控制阀和提升泵房的控制阀的大小。

操作流程：调小格栅池前进水阀门 VA401；调小提升泵房控制阀 LV401。

⑤外回流异常

该工况为一个工艺事故，工艺事故为因违反工艺要求和指标，违反操作规程、管理不善、违章指挥等生产工艺组织原因导致的生产事故，事故中生化池 A 外回流流量过低，调节生化池 A 的污泥回流泵 P405A、P405B。

操作流程：开启二沉池 A/B 的污泥回流泵 P405B 前阀门 VD419；开启污泥回流泵 P405B 电源；调节污泥回流泵 P405B 后阀门 VA432 的开度；关闭污泥回流泵 P405A；关闭污泥回流泵 P405A 的前阀门 VD417；关闭污泥回流泵 P405A 的后阀门 VA431。

⑥DO 值过高。

该工况为一个工艺事故，工艺事故为因违反工艺要求和指标，违反操作流程、管理不善、违章指挥等生产工艺组织原因导致的生产事故，事故中生化池 DO 值过高，可适当调小风机曝气量。

操作流程：关闭鼓风机 F401A 电源；关闭鼓风机 F401D 的出口阀 VA415。

⑦pH 过高。

该工况为一个工艺事故，工艺事故为因违反工艺要求和指标，违反操作流程、管理不善、违章指挥等生产工艺组织原因导致的生产事故，事故中 pH 过高，可打开酸加药计量泵来调节 pH。

操作流程：开启酸加药计量泵 P402 的前阀门 VD407；开启酸加药计量泵 P402 电源；打开酸加药计量泵 P402 的后阀门 VA402。

【思考题】

1. 简述脱碳与除磷所需要的工艺条件。
2. 简述 A^2/O 工艺调控要点。

研究性实验

实验 36　电化学法处理模拟废水实验

【实验目的】

1. 通过实验，加深对电氧化、电絮凝、电 Fenton 反应机理的认识。

2. 掌握电化学法处理模拟废水的操作方法。

3. 观察有机废水的降解过程，对其影响因素和降解动力学进行分析。

【实验原理】

电极氧化机理可分为两个部分，即直接氧化和间接氧化。直接氧化作用是指污染物在电极上发生直接电催化反应而转化的“直接电化学过程”；间接氧化作用是指利用电极表面产生的强氧化性活性物质使污染物发生氧化还原转变的“间接电化学过程”。这两个过程均伴有放出 H_2 和 O_2 的副反应，电流效率的高低与析氧、析氢的程度密切相关，但可以通过电极材料的选择和电位控制减少电流的析氧损失，提高电流效率。

阳极催化氧化降解有机物的基本原理是利用有催化活性的阳极电极，使吸附在其表面的有机污染物发生催化氧化反应，使之降解为无害的物质，或降解成容易进行生物降解的物质，再进行进一步的生物降解处理。在阳极极化状态下，阳极氧化物分子与吸附于电极表面的水分子反应，生成 ·OH。·OH是具有高度活性的强氧化剂，其对有机物的氧化作用可以 3 种反应方式进行：脱氢反应、亲电子反应和电子转移反应，通过反应形成活化的有机自由基，使其更容易氧化其他有机物或产生连锁自由基反应。

如果阳极材料为铝、铁等金属时，在阳极催化氧化降解有机物的同时还有絮凝作用，即在直流电的作用下，阳极被溶蚀，产生 Al、Fe 等离子，再经过一系列水解、聚合及亚铁的氧化过程，发展成为各种羟基络合物、多核羟基络合物以及氢氧化物，使废水中的胶态杂质、悬浮杂质凝聚沉淀而分离；同时带电的污染物颗粒在电场中泳动，其部分电荷被电极中和而促使其脱稳聚沉。电絮凝法去除水中污染物过程见图 5 – 18。

电极是电化学反应器中不可缺少的组成部分，电化学反应是在电极和电

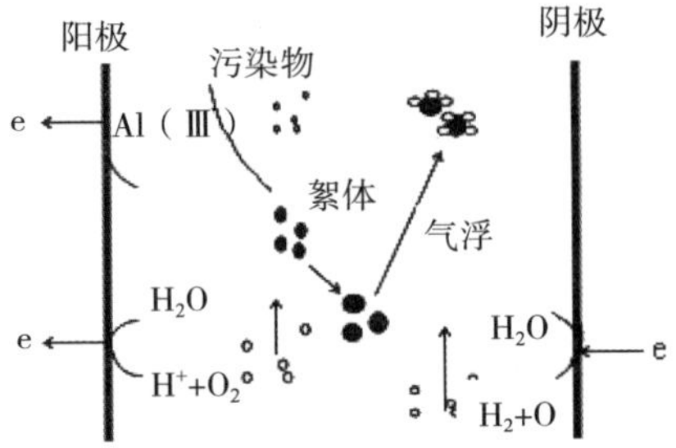

图 5-18　电絮凝法去除水中污染物过程

解质间的界面上发生。电极材料是影响电化学反应形式最重要的因素，即使是在相同的电解质、参数控制条件下，电极材料不同，电化学反应的形式可能差别很大。

【实验设备与材料】

1. 电化学反应装置 1 套。

2. 分析仪器：紫外—可见分光光度计、酸度计、比色皿、烧杯、量筒、容量瓶。

3. 实验用试剂：甲基橙、硫酸亚铁、无水硫酸钠、硫酸、氢氧化钠。

【实验内容和步骤】

1. 配制浓度分别为 20 mg/L、15 mg/L、10 mg/L、8 mg/L、5 mg/L、2 mg/L的甲基橙标准溶液，测试其吸光度值，并做出吸光度—浓度标准曲线。

2. 配制浓度为 20 mg/L 的甲基橙溶液作为模拟废水。

3. 将配制好的模拟废水注入原水池中，开启水泵和气泵，调整转子流量计将原水注入电化学反应器，同时开启稳压直流电源，并将电流调节至设定值。

4. 以出水甲基橙的脱色率表征反应效果，选择最佳操作参数。

5. 在最佳反应条件下，研究甲基橙电化学降解过程的动力学。

【注意事项】

1. 在反应过程中需要加入一定量的硫酸钠作为支持电解质，以确保达到需要的电流值。

2. 为了增加电解质溶液的传质，减小浓差极化，电解的同时用磁力搅拌器搅拌溶液。

【实验数据处理与分析】

1. 甲基橙吸光度—浓度标准曲线的绘制见表5－11。

表5－11　甲基橙吸光度—浓度标准曲线

浓度（mg/L）	20	15	10	8	5	2
吸光度						

以甲基橙浓度为横坐标，所测得的吸光度为纵坐标，绘制甲基橙吸光度—浓度标准曲线。

2. 电化学降解甲基橙实验记录见表5－12。

表5－12　电化学降解甲基橙实验数据记录表

实验参数	溶液初始 pH	电解质浓度	电流密度	极板间距	亚铁离子浓度
取样时间（min）	10	20	30	40	50
脱色率					

【思考题】

1. 简述有机废水电化学处理装置的构造及运行特点。
2. 电化学法在废水治理中有何优缺点？
3. 总结电化学处理有机废水的工艺参数及条件。

第六篇

固体废物处理与处置实验

基础实验

实验 37　固体废物的粒度分析实验

【实验目的】

1. 了解筛析法测物体粒度分布的原理和方法。

2. 根据筛析法所得数据绘制粒度累积分布曲线和频率分布曲线。

【实验原理】

筛分技术是利用筛子将松散的固体废物分为两种或多种粒度级别的分选方法，筛分也称为筛选。

粒度分布通常是将粉末试样按粒度不同分为若干级，每一级粉末（按质量、数量或体积）所占的百分率。它可用粒度分布表格、粒度分布图和函数形式表示颗粒群粒径的分布状态。粒度测定方法有多种，常用的有筛析法、沉降法、激光法、小孔通过法、吸附法等。本实验用筛析法测粉体粒度分布。筛析法是目前最简单，也是应用得最早和最广泛的粒度测定方法，利用筛析方法不仅可以测定粒度分布，还可以通过绘制累积粒度特性曲线，得到累积产率 50% 时的平均粒度。

筛析法是让粉体试样通过一系列不同筛孔的标准筛，将其分离成若干个粒级，分别称重，求得以质量百分数表示的粒度分布。筛析法适用于 20 μm ~ 100 mm 的粒度分布测量。如采用电成形筛（微孔筛），其筛孔尺寸可小至 5 μm，甚至更小。

筛孔的大小习惯上用“目”表示，其含义是每英寸（2. 54 cm）长度上筛孔的数目。也有用 1 cm 长度上的孔数或 1 cm 筛面上的孔数表示的，还有的直接用筛孔的尺寸来表示。筛析法常使用标准套筛，标准筛的筛制按国际标准化组织（ISO）推荐的筛孔为 1 mm 的筛子作为基筛；也可以采用泰勒筛，筛孔尺寸为 0. 074 mm（200 目）。

为了使不同粒度的物料通过筛面分离，必须使物料和筛面之间具有适当的相对运动，使物料松散并按颗粒大小分层，形成粗粒位于上层、细粒位于下层的规则排列，细粒通过筛孔分离。细粒小于筛孔尺寸 3/4 的颗粒很容易通过筛面而筛出，称为“易筛粒”；粒度大于筛孔尺寸 3/4 的颗粒通过筛面而筛出的难度增大，而且粒度越接近筛孔尺寸就越难筛出，称为“难筛粒”。

筛析法除了常用的手筛分、机械筛分、湿法筛分，还用空气喷射筛分、声筛法、淘筛法和自组筛等，其筛析结果往往采用频率分布和累积分布来表示颗粒的粒度分布。频率分布表示各个粒径相对应的颗粒百分含量（微分型）；累积分布表示小于（或大于）某粒径的颗粒占全部颗粒的百分含量与该粒径的关系（积分型）。用表格或图形来直观表示颗粒粒径的频率分布和累积分布。

筛分效果的好坏利用筛分效率来评价。所谓筛分效率是指筛下的产品质量与入筛废物中所含小于筛孔尺寸的颗粒质量之比，用百分数表示，即：

$$\eta = \frac{m_1\beta}{m\alpha} \times 100\% \tag{6-1}$$

式中：η——筛分效率,%；

m_1——筛下的产品质量，t；

m——入筛固体废物质量，t，$m = m_1 + m_2$；

m_2——筛上的产品质量，t；

α——入筛废物中所含小于筛孔尺寸的颗粒含量；

θ——筛上产品中所含小于筛孔尺寸的颗粒含量。

在实际筛分过程中测定 m_1 和 m 是比较困难的，为了便于计算，定义 β 为筛下产品中小于筛孔尺寸的物料含量，那么入筛废物中小于筛孔尺寸的物料质量 $m\alpha$ 可表示为：

$$m\alpha = m_1\beta + m_2\theta \tag{6-2}$$

将式（6－2）代入式（6－1）得：

$$\eta = \frac{\beta(\alpha - \beta)}{\alpha(\beta - \theta)} \times 100\% \tag{6-3}$$

筛析法使用的设备简单，操作方便，但筛分结果受颗粒形状的影响较大，粒度分布的粒级较粗，测试下限超过 38 μm 时，筛分时间长，也容易堵塞。筛分所测得的颗粒大小分布还取决于下列因素：筛分的持续时间、筛孔的偏差、筛子的磨损、观察和实验误差、取样误差、不同筛子和不同操作的影响等。

【实验设备与材料】

1. 标推筛 1 套；
2. 天平 1 架；
3. 搪瓷盘 2 个；
4. 烘箱 1 个。

【实验内容和步骤】

干筛法是将置于筛中一定质量的粉料试样，借助于机械振动或手工拍打使细粉通过筛网，直至筛分完全后，根据筛下物质量和试样重量求出粉体试样的筛余量。

1. 设备仪器准备。

将需要的标准筛、振筛机、天平、搪瓷盘和烘箱准备好。

2. 具体操作步骤。

（1）试样制备。试样放入烘箱中烘干至恒重，准确称取 150 g（松装密度大于 1.5 g/cm^3的取 100 g）。

（2）套筛按孔径由大至小顺序叠好，并装上筛底，安装在振筛机上，将称好的试样倒入最上层筛子，加上筛盖。

（3）检查一遍套筛是否已完全固定好。

（4）预筛，筛分时间为 5 s。

（5）预筛后，检查套筛是否固定好，如果没有问题，继续筛分 10 min，然后依次将每层筛子取下。

（6）小心取出试样，分别称量各筛上和底盘中的试样质量，并记录于表 6－1 中。

（7）检查各层筛面试样的质量总和与原试样质量之误差，误差不应超过 2%，此时可把所损失的质量加在最细粒级中，若误差超过 2% 时实验重新进行。

【实验数据处理与分析】

1. 干筛法筛分结果数据可按表 6－1 的形式记录。

试样名称： 试样质量： g

测试日期： 筛分时间： min

表 6-1 干筛法筛分结果数据记录分析表

标准筛		筛上物质量（g）	分级质量百分率（%）	筛上累积（%）	筛下累积（%）
筛目	筛孔尺寸（mm）				

2. 数据处理。

（1）$实验误差 = \frac{试样质量 - 筛析总质量}{试样质量} \times 100\%$

（2）根据实验结果记录，绘制筛上累积分布曲线 R，筛下累积分布曲线 D，频率分布曲线（粒度 Δd 尽量减小，通常可取 $\Delta d = 0.5$ mm），根据计算与作图可了解粉末的粒度范围、组成情况及平均粒度级。

3. 结果分析。

一个筛子的各个筛孔可以看作一系列的量规，当颗粒处于筛孔上时，有的颗粒可以通过而有的颗粒不能通过。颗粒位于某一筛孔处的概率由下列因素决定：粉末颗粒大小分布；筛面上颗粒的数量；颗粒的物理性质（如表面积）；摇动筛子的方法；筛子表面的几何形状（如开口面积/总面积）。颗粒是否能通过筛孔取决于颗粒的尺寸和颗粒在筛面上的角度。

筛分所测得的颗粒大小分布还取决于下列因素：筛分的持续时间；筛孔的偏差；筛子的磨损；观察和实验误差；取样误差；不同筛子和不同操作的影响。

【思考题】

1. 影响筛析法的因素有哪些？并计算实验误差。

2. 根据粒度分布曲线如何判断试样的分布情况？

虚拟仿真实验

实验 38　有机固体废物好氧堆肥虚拟仿真实验*

【实验目的】

1. 加深对好氧堆肥的理解。

2. 了解好氧堆肥过程中各种影响因素和控制措施。

【实验原理】

好氧堆肥是在通气条件好、氧气充足的条件下，好氧菌对废物进行吸收、氧化以及分解的过程。好氧微生物通过自身的生命活动，把一部分被吸收的有机物氧化成简单的无机物，同时释放出可供微生物生长活动所需的能量，而另一部分有机物则被合成新的细胞质，使微生物不断生长繁殖，产生出更多生物体。通常好氧堆肥的堆温较高，一般为 55 ~ 60℃时，所以好氧堆肥也称高温堆肥。高温堆肥可以最大限度地杀灭病原菌，同时，高温堆肥对有机质的降解速度较快，堆肥所需天数少，臭气发生量少，是堆肥化的首选。

好氧堆肥会受以下一些控制因素的影响：

1. 含水率。

在堆肥过程中，水分是一个重要的物理因素，水分含量是指整个堆体的含水量。水分的主要作用有两个：一是溶解有机物，参与微生物的新陈代谢；二是调节堆肥温度，温度过高时通过水分的蒸发，带走一部分热量。水分的多少，直接影响好氧堆肥反应速度的快慢，影响堆肥的质量，甚至关系到好氧堆肥工艺的成败。在堆肥期间，如果含水率低于 15%，细菌的代谢作用会普遍停止；含水率太高，会使堆体内自由空间减少，通气性差，形成微生物发酵的厌氧状态，产生臭味，减慢降解速度，延长堆腐时间。

2. 温度。

微生物活性是保证有机固废堆肥化的根本内因，而温度是影响微生物活性的关键因素。好氧堆肥是一个变温过程，嗜中温菌和嗜热菌分别在不同温度阶段发挥主要作用，最适温度分别为 30 ~ 40℃、50 ~ 60℃。升温和降温阶

* 有机物固体废物好氧堆肥虚拟仿真实验所用软件由北京欧贝尔软件技术开发有限公司提供。

段的堆体温度一般低于45℃，此阶段以嗜中温菌为主；高温阶段的堆体温度一般为45~60℃，此阶段嗜中温菌活性受到抑制或死亡，数量变少，嗜热菌数量增多并占主导地位。研究发现，嗜热菌对有机固体废物的降解能力明显高于嗜温菌，可通过维持一定时间的高温，充分发挥嗜热菌对有机固体废物的降解能力，缩短堆肥周期。

3. pH。

pH是显著影响有机固废好氧堆肥进程的另一个重要参数。适宜细菌生长的pH范围为6.0~7.5，适宜放线菌生长的pH范围为5.5~8.0。Bharadwaj研究pH对微生物活性的影响时发现，对堆体中大部分微生物来说最适合生长的pH范围为6.5~7.5。我国一些学者认为好氧堆肥最适宜的pH是中性或弱酸性（6~9）。好氧堆肥进程中pH是动态变化的：起始阶段，由于微生物将有机固废分解为大量小分子的挥发性脂肪酸（VFAs）和CO_2，pH通常较低；随着反应的进行，温度升高，VFAs被微生物吸收利用，CO_2挥发，蛋白质分解产生NH_3，pH逐渐升高。值得注意的是，pH也会影响堆肥中氮的存在形式，进而影响堆肥产品最终的氮素损失。

4. C/N比。

碳是微生物的主要能量来源，并且一小部分碳素参与微生物细胞的组成。细菌干细胞质量的50%以上是蛋白质，氮作为蛋白质组成的主要元素对微生物种群的增加影响巨大。一般用C/N比表征这两种主要营养元素在堆肥中的平衡关系。当氮素受限制（C/N比较高）时，微生物种群会长时间保持在较少的状态，并且需要更长的时间降解可生化的碳；当氮素过量（C/N比较低）时，氮素供应超过了微生物的需求，结果往往以NH_3的形式从系统中挥发而流失。因此，需要综合考虑促进微生物降解和氮固定，合适的C/N比为30:1。在国内堆肥的研究和应用中一般认为初始阶段物料合适的C/N比为（25~35）:1。

5. 通风量。

在好氧堆肥实际运行过程中，供风系统的通气量是最重要的工艺参数。在供风系统设备条件确定以后，通气量受控于堆体的通气能力，主要是堆体的粒度和含水率。在堆肥发酵后期达到腐熟后，堆体的通气能力也会下降。控制供风系统的通气量，避免过度通气是出于下列原因的考虑：①运行能耗；②通风降低堆肥温度；③通风形成水分蒸发。

6. 其他因素。

有机固废好氧堆肥过程还受原料理化性质的影响，如底物的颗粒度大小、含盐量和油脂含量（主要针对餐厨垃圾）等。对堆肥原料进行粉碎预处理，使其具有适宜的粒径，可以有效调节堆体通气透水性能，防止底物粒径过小形成局部厌氧环境，也可以避免底物粒径过大造成降解过程中堆体坍塌，影响升温。一般认为适合餐厨垃圾好氧堆肥的粒径大小为 5 ~ 10 mm，秸秆等适宜破碎为 10 ~ 50 mm。

【实验设备与材料】

1. 主要设备和仪表：电板箱、水浴循环系统、温度传感器、进水流量计、搅拌电机、堆肥反应池、气体流量计、取样口、卸料口、渗滤液排放管、提升泵、水浴循环水泵、恒温水浴罐。

2. 本实验中的主要设备为恒温堆肥反应池，这是一种效率比较高的发酵设备。

【实验内容和步骤】

1. 实验方案。

实验选取猪粪及秸秆作为实验对象，通过控制反应条件，监测反应过程中参数的变化。

主要控制参数如下：

（1）发酵温度范围：起始 15 ~ 40℃，高温：60 ~ 70℃，腐熟 40℃。

（2）处理垃圾：50 ~ 70 L/次。

（3）供氧量：0.1 ~ 0.2 m^3/min。

（4）堆肥原料含水率：50% 左右。

（5）C/N 比 20 ~ 30。

（6）C/P 比 72 ~ 150。

（7）pH 控制范围：起始 5.5 ~ 6.0，后续 8.5 ~ 9.0。

（8）搅拌速度：0 ~ 100 r/min。

2. 物料初始参数见表 6 – 2。

表 6 – 2　物料初始参数

	含水率（%）（湿）	有机质含量（%）	TC（%）	TN（%）	C/N	TP（%）	C/P
猪粪	72.77	82.55	42.61	3.24	13.16	4.98	8.56
秸秆	5.13	92.42	43.87	0.88	49.69	0.11	398.83
猪粪∶秸秆 = 1∶2	27.67	89.13	43.45	1.67	26.07	1.73	25.07

3. 实验的主要操作流程。

（1）首先检查设备有无异常（漏电、漏水等），一切正常后开始操作。

（2）将有机物在柱内进行填埋、堆肥至罐体体积 80% 左右。

（3）调节搅拌速度、物料含水率、水浴温度、曝气量等，控制反应在最适宜的条件下进行。

（4）每天记录 1 次监测数据，观察并分析反应过程中堆肥参数的变化过程及原因。

（5）反应结束后，卸除余料，关闭所有电源，检查设备状况，没有问题后离开。实验装置流程图如图 6－1 所示。

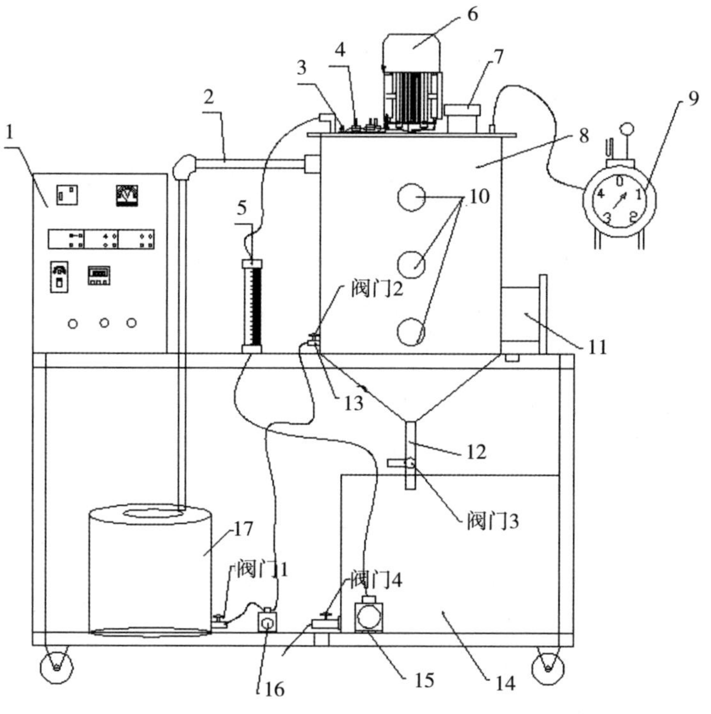

图 6－1　好氧堆肥实验装置图

1——电板箱；2——水浴循环出口管道；3——排气阀；4——温度传感器；5——进水流量计；6——搅拌电机；7——进料口；8——堆肥反应池；9——流量计；10——取样口；11——卸料口；12——渗滤液排放管；13——水浴循环进口；14——水箱；15——提升泵；16——水浴循环水泵；17——恒温小泡浴罐。

【注意事项】

1. 含水率的调节。水分较低时加入水或加入含水率较高的添加剂，过高时可摊开晾干或添加松散吸水物。

2. 臭气问题。可以通过过程控制以及末端处理的方式解决臭气问题。过程控制就是在发酵过程中，充分地保证氧气的供应，抑制厌氧反应，基本不允许硫化氢等气体产生。末端处理就是后续增加生物滤池，作为应急系统，万一存在臭气，可以马上开启。

3. pH 问题。一般能通过堆肥过程自身得到调解，无须添加中和计。若 pH 过低，可通过通风来补救。

【实验数据处理与分析】

1. 实验数据处理见表 6－3。

表 6－3　好氧堆肥实验数据表

含水率（%）（湿）	有机质含量（%）	TN（%）	C/N	TP（%）	C/P
27.67	89.13	43.45	1.67	26.07	1.73

序号	时间（d）	温度（℃）	含水率（%）	pH	TC（%）	TN（%）	C/N（%）	铵态氮（g/kg）	硝态氮（g/kg）	速效钾（mg/kg）
0	0	25	65	5.6	43.45	1.67	26.07	0.5	0.1	85
1	0.5									
2	1									
3	1.5									
4	2									
5	2.5									
6	3									
7	3.5									
8	4									
9	4.5									
10	5									
11	5.5									
12	6									
13	6.5									

续表

含水率（%）（湿）	有机质含量（%）	TN（%）	C/N	TP（%）	C/P
27.67	89.13	43.45	1.67	26.07	1.73

序号	时间（d）	温度（℃）	含水率（%）	pH	TC（%）	TN（%）	C/N（%）	铵态氮（g/kg）	硝态氮（g/kg）	速效钾（mg/kg）
14	7									
15	7.5									
16	8									
17	8.5									
16	8									
17	8.5									
18	9									
19	9.5									
20	10									
21	10.5									
22	11									
23	11.5									
24	12									
25	12.5									
26	13									
27	13.5									
28	14									
29	14.5									
30	15									
31	15.5									
32	16									

根据好氧堆肥过程温度、pH、TC、TN、C/N、铵态氮、硝态氮、速效钾、含水率变化绘制散点图。

2. 实验结果分析与讨论。

（1）堆肥过程中温度的变化。

（2）堆肥过程中 pH 的变化。

（3）随着反应过程进行 TC、TN、C/N 值的变化趋势。

（4）反应过程中铵态氮、硝态氮的变化。

（5）速效钾的变化。

（6）含水率随着反应过程的变化。

【思考题】

1. 好氧堆肥包括哪 3 个阶段?

2. 好氧堆肥的适宜氧浓度为多少?

3. 好氧堆肥过程的影响因素有哪些?

4. 在有机固废好氧堆肥阶段微生物种群是如何变化的?

5. 在有机废物好氧堆肥过程中，对分解纤维素和半纤维素有良好效果的是什么微生物?

6. 粪便等有机物好氧堆肥前处理阶段，为什么要添加秸秆等物质?

实验 39　有机固体废物厌氧发酵虚拟仿真实验*

【实验目的】

1. 了解和掌握厌氧生物处理的基本理论。
2. 了解和掌握厌氧生物处理工艺的主要特征。
3. 掌握厌氧反应器的启动、运行条件、监测项目、管理方法。

【实验原理】

厌氧消化是指在无分子氧条件下，通过兼性细菌和专型厌氧细菌的作用，使污水或污泥中各种复杂有机物分解转化成甲烷和二氧化碳等物质的过程。碳素大部分转化为甲烷，氮素转化为氨，硫素转化为硫化物，中间产物除了合成细胞物质外，还合成复杂而稳定的腐殖质。

厌氧消化过程是一个极其复杂的生物化学过程，厌氧消化 3 个阶段理论如下：

第一阶段为水解酸化阶段。在此阶段，复杂的大分子、不溶性有机物先在细菌胞外酶的作用下水解为小分子、溶解性有机物，然后渗入细胞体内，分解产生挥发性有机酸、醇类、醛类等。这个阶段主要产生较高级的脂肪酸，碳水化合物、蛋白质和脂肪被分解和酸化为单糖、氨基酸、脂肪酸、甘油及 CO_2、H_2 等，这一过程在厌氧消化中不起控制作用。

第二阶段为产氢产乙酸阶段。在产氢产乙酸细菌的作用下，第一阶段产生的各种有机酸被分解转化成乙酸、CO_2、H_2S，厌氧消化反应原理见图 6－2。

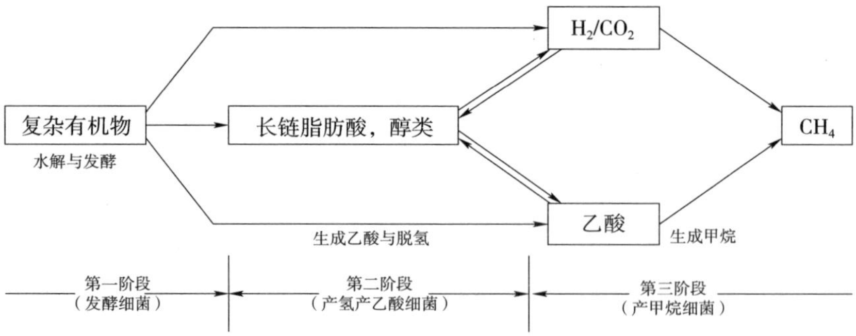

图 6－2　厌氧消化反应原理示意图

注：＊有机固体废物厌氧发酵虚拟仿真实验所用软件由北京欧贝软件技术开发有限公司提供。

$$CH_3CH_2CH_2CH_2COOH + 2H_2O \longrightarrow CH_3CH_2COOH + CH_3COOH + 2H_2$$

（戊酸）　　　　（丙酸）　　（乙酸）

典型有机物反应如下

$$CH_3CH_2COOH + 2H_2O \rightarrow CH_3COOH + 3H_2 + CO_2$$

（丙酸）　　　　（乙酸）

第三阶段为产甲烷阶段。产甲烷细菌将乙酸、乙酸盐、CO_2和 H_2等转化为甲烷。此过程由两种生理上不同的产甲烷菌组成，一组把 H_2和 CO_2转化成甲烷，另一组从乙酸或乙酸盐脱氢产甲烷。前者约占总量的 1/3，后者约占 2/3，反应式为：

$$4H_2 + CO_2 \xrightarrow{\text{产甲烷菌}} CH_4 + 2H_2O$$

$$CH_3COOH \xrightarrow{\text{产甲烷菌}} CH_4 + CO_2$$

$$CH_3COONH_4 + H_2O \xrightarrow{\text{产甲烷菌}} CH_4 + NH_4HCO_3$$

产甲烷细菌由甲烷杆菌、甲烷球菌等绝对厌氧细菌组成。由于产甲烷细菌繁殖速度慢，所以这一阶段控制了整个厌氧消化过程。虽然厌氧消化过程分为以上阶段，但在厌氧反应器中，3 个阶段是同时进行的，并保持某种程度的动态平衡。

【实验设备与材料】

厌氧发酵实验虚拟仿真软件。

【实验内容和步骤】

1. 打开总电源。
2. 设定碳氮比为 25。
3. 设定接种比为 0.5、1 或者 2。
4. 设定温度为 20～25℃、35～45℃、55～65℃。
5. 打开进料开关。
6. 进料量为 1t 时，关闭进料开关。
7. 打开搅拌机电源开关。
8. 打开厌氧发酵罐的排气阀 V01V101；

【注意事项】

1. 绝对厌氧。

由于甲烷细菌是专性厌氧细菌，应保证绝对厌氧条件。

2. pH

pH 控制为 6.5～7.5，碱度维持为 200～5 000 mg/L（$CaCO_3$）。

3. 温度。

根据甲烷菌对于温度的适应性，甲烷菌可分为两类，即中温甲烷菌（适应温度区为 30～35℃）和高温甲烷菌（适应温度区为 50～55℃）。两区之间，反应速率反而减慢。消化反应与温度之间的关系不是连续的。

4. 污泥龄与负荷。

厌氧消化效果的好坏与污泥龄有直接关系。

5. 混合与搅拌。

混合与搅拌是提高消化效率的工艺条件之一。适当的混合与搅拌可以使厌氧细菌与有机物充分接触，使有机物分解过程加快。

6. 有毒物质。

有毒物质会影响或破坏消化过程。

【实验数据处理与分析】

可将厌氧发酵实验数据记录在表 6－4 中。

表 6－4　厌氧发酵数据记录

序号	发酵时间	瞬时流量	累计流量	产气速率
1	1.7	1.08	24.1	1.35
2	2.05	0.91	30.98	1.14
3				
4				
5				
6				
7				
8				
9				
10				
11				
12				
13				
14				
15				
16				

【思考题】

1. 适用于厌氧发酵的固体废物包括哪些?
2. 简述厌氧发酵的原理。
3. 讨论厌氧发酵的影响因素。

研究性实验

实验 40 农业固体废物炭化后的资源化利用

【实验目的】

1. 针对农业固体废物生物炭在污水处理中的应用进行实验设计。

2. 了解该生物炭对废水中污染物的吸附去除性能，评价其在废水处理中的应用价值。

【实验原理】

1. 吸附过程。

活性炭对水中所含杂质的吸附既有物理吸附现象，也有化学吸附作用。有一些被吸附物质先在活性炭表面上积聚浓缩，继而进入固体晶格原子或分子之间被吸附，还有一些特殊物质则与活性炭分子结合后而被吸附。

当活性炭对水中所含杂质吸附时，水中的溶解性杂质在活性炭表面积聚而被吸附，同时也有一些被吸附物质由于分子的运动而离开活性炭表面，重新进入水中，即同时发生解吸现象。当吸附和解吸处于动态平衡时，即单位时间内活性炭吸附的数量等于解吸的数量时，此时被吸附物质在溶液中的浓度和在活性炭表面的浓度均不再变化，达到了平衡，称为吸附平衡。这时活性炭和水（即固相和液相）之间的溶质浓度，具有一定的分布比值。如果在一定压力和温度条件下，用 m g 活性炭吸附溶液中的溶质，被吸附的溶质为 x mg，则单位重量的活性炭吸附溶质的数量 q_e 即吸附容量 q_e（平衡吸附量），可按下式计算

$$q_e = \frac{V(C_0 - C_e)}{m} = \frac{x}{m} \tag{6-4}$$

式中：V——溶液体积，L；

C_0、C_e——分别为溶质的初始浓度和平衡浓度，mg/L；

m——吸附剂量（活性炭投加量），g；

x——被吸附物质的重量，mg。

平衡吸附量越大，单位吸附剂处理的水量越大，吸附周期越长，运转管

理费用越少。q_e值的大小除了取决于活性炭的种类外，还与被吸附物质的性质、浓度、水的温度及 pH 有关。一般来说，当被吸附的物质能够与活性炭发生结合反应、被吸附物质又不容易溶解于水而受到水的排斥作用，且活性炭对被吸附物质的亲和作用力强，被吸附物质的浓度又较大时，q_e值就比较大。在温度一定的条件下，活性炭的吸附量随被吸附物质平衡浓度的提高而提高，两者之间的变化曲线称为吸附等温线，即将平衡吸附量 q_e 与相应的平衡浓度 C_e做图可得到吸附等温线，描述吸附等温线的数学表达式称为吸附等温式。常用的有弗里希兰德里希（Freundlich）吸附等温式、朗格谬尔（Langmuir）吸附等温式、BET 吸附等温式。

2. 弗兰德里希（Freundlich）吸附等温线。

在水和污水处理中通常用 Freundlich 表达式来比较不同温度和不同溶液浓度时的活性炭的吸附容量。

$$q_e = KC_e^{1/n} \tag{6-5}$$

式中，q_e——吸附容量，mg/g；

K——Freundlich 吸附系数，与吸附比表面积、温度有关的系数；

n——与温度有关的常数，$n>1$；

C_e——被吸附物质平衡浓度，mg/L。

该式是一个经验公式，通常通过间歇式活性炭吸附实验测得 q_e、C_e一一对应的值，再用图解方法求出 K、n 的值。为了方便易解，将该式变换成线性对数关系式：

$$\lg q_e = \lg \frac{V(C_0 - C_e)}{m} = \lg K + 1/n \lg C_e \tag{6-6}$$

将 q_e、C_e相应值点绘在双对数坐标系上，所得直线的斜率为 $1/n$，截距为 K。$1/n$ 值越小表明活性炭吸附性能越好，一般认为当 $1/n = 0.1 \sim 0.5$ 时，水中欲去除的杂质容易被吸附；当 $1/n > 2$ 时则难以吸附。当 $1/n$ 较小时，多采用间歇式活性炭吸附操作，当 $1/n$ 较大时，适宜采用连续式活性炭吸附操作。

3. 朗格谬尔（Langmuir）吸附等温线。

Langmuir 吸附等温式是建立在单分子层吸附的基础上。其表达式为

$$q_e = q_{max} \frac{kC_e}{1 + kC_e} \tag{6-7}$$

式中：q_{max}——最大吸附量，mg/g。

k——常数。

该式也常被用于描述一种吸附剂对吸附质的吸附过程。其中 q_{max} 越大，则表示该吸附剂对吸附质的吸附能力越强。同样，该吸附等温式中的参数 q_{max} 和 k 也可以通过实验过程获得。为了便于计算，将该式取倒数，则：

$$\frac{1}{q_e} = \frac{1}{q_{max}} + \frac{1}{q_{max}k}\frac{1}{C_e} = \frac{m}{V(C_0 - C_e)} \tag{6-8}$$

通过间歇式活性炭吸附实验测得 q_e、C_e 对应值后，代入上式，然后通过作图或者计算机计算出相应的参数值。

【实验设备与材料】

1. 振荡器。
2. 锥形瓶，150 ml。
3. 分光光度计。
4. 比色皿。
5. 比色管。
6. 电子分析天平。
7. 移液管、洗耳球。
8. 离心装置或过滤装置。
9. 所制备生物炭/活性炭。
10. 含有亚甲基蓝或罗丹明 B 染料的废水样。

【实验内容和步骤】

1. 吸附处理。

（1）分别取不同质量的活性炭/生物炭于不同的 150 ml 锥形中，然后分别向其中加入 50 ml 废水样。

（2）将该锥形瓶置于水平振荡器上在一定温度下进行振荡 1.0 h。

（3）振荡结束后取下锥形瓶，静置后取上清液转入离心管内，进行离心处理，离心后取上清液，待测。

2. 浓度测定。

（1）标准曲线绘制。

分别取罗丹明 B 配制标准溶液系列，然后利用分光光度计在其最大波长处测量其吸光度值，并利用吸光度与对应浓度绘制标准曲线。

①贮备液配制：0.25 g 罗丹明 B 溶解于少量水中，移至 250 ml 容量瓶中，用蒸馏水稀释至刻度，摇匀。此罗丹明 B 溶液浓度为 1 000 mg/L。

②标准溶液制备。

取吸取贮备液 2 ml 放于 100 ml 容量瓶中，用蒸馏水稀释至标线，摇匀。此时罗丹明 B 溶液为 20 mg/L。

③用移液管分别吸取标准溶液 1 ml、2 ml、3 ml、4 ml、5 ml、7 ml、10 ml于 25 ml 比色管中，用蒸馏水稀释至 25 ml 刻度处，摇匀，以蒸馏水为参比，在最大波长处用 1 cm 比色皿测定吸光度，绘出标准曲线（注：罗丹明 B 的最大吸收波长为 552 nm）。

（2）用分光光度计测定上清液的吸光度 A_i，当上清液的色度较高时需要取上清液经适当稀释后再进行测定 A_i。

（3）根据测得的水样吸光度和标准曲线，计算各水样中染料的浓度 C_e。

（4）取一定体积的原始废水样，加入比色管中进行稀释后测定其吸光度，并计算出其染料初始浓度 C_0。

【注意事项】

1. 实验中所用到的染料染色能力强，实验完成以后立即将所用的各种仪器、设备、器皿等清洗干净。

2. 实验中要注意离心机的使用规则，离心的物料要对称放置，而且质量上要保持平衡。

【实验数据处理与分析】

1. 标准曲线的测定。

标准曲线测定结果记录表 6－5。

表 6－5　数据记录

	0（空白）	1	2	3	4	5
C（mg/L）						
吸光度 A						

2. 样品测定。

采用分光光度法测定上清液水样的吸光度 A_i，结果记录于表 6－6。

表 6-6 数据记录

______℃ 下碳化产物		吸光度 A_i	稀释倍数 n	残余浓度 C_e（mg/L）	吸附量 q_e（mg/g）
m_0（g）					
m_1（g）					
m_2（g）					
m_3（g）					
m_4（g）					
m_5（g）					

3. 根据 q_e与 C_e的关系计算吸附等温式中各参数值。

【思考题】

1. 什么是吸附平衡?
2. 影响吸附的因素有哪些?
3. 结合本实验的数据对所制备的活性炭/生物炭的吸附性能进行评价。